琉球塩手帖

Ryukyu Salt Notebook

ソルトコーディネーター
青山 志穂 著

ボーダーインク

はじめに

[Introduction]

実は、沖縄では百種類を超える塩が生産されているのをご存知でしょうか。世界的にもまれな数で、さらには世界でも類を見ないほど、多様な製法で塩作りが行われています。まさに塩の名産地と言っても過言ではありません。

沖縄では塩のことを一般的に「マース」と呼び、最近ではすっかり土産の一つとして定着しつつあります。しかし一つ一つの塩の特徴や使い分け方などは、残念ながらまだあまり広まってはいないようです。それに何より、「誰がいつどこで、どんな風に、どんな想いで作っているのか」ということについても、ほとんど知られていないのが現状です。

この本では、塩がなにからできているのかといった基礎的な知識をはじめとして、沖縄県内十四ヶ所の製塩所の職人さ

んたちにフォーカスを当て、どのような方法で、どんな気持ちを込めて作っているのかをご紹介しています。そして塩の特徴と、おすすめのレシピも掲載して、読んですぐご家庭で活用できるようになっています。

塩のことがわかって使い分けられるようになると、料理がシンプルで簡単に、そしてヘルシーで美味しくなります。食全体に対する意識もよりナチュラルに変化していきます。さらに、塩は食べるだけでなく、美容にも役立つんですよ。

多くの方に本書を活用していただき、ぜひ、名産地・沖縄の塩を使って、日常生活をより豊かで美味しいものにしていただければ嬉しいです。

もくじ

製塩所マップ

Saltworks guide map 2013

※本マップならびに巻末の「沖縄の製塩所一覧」では、沖縄県内で海水または塩を原材料として製塩を行っている製塩所のみを記載しています。

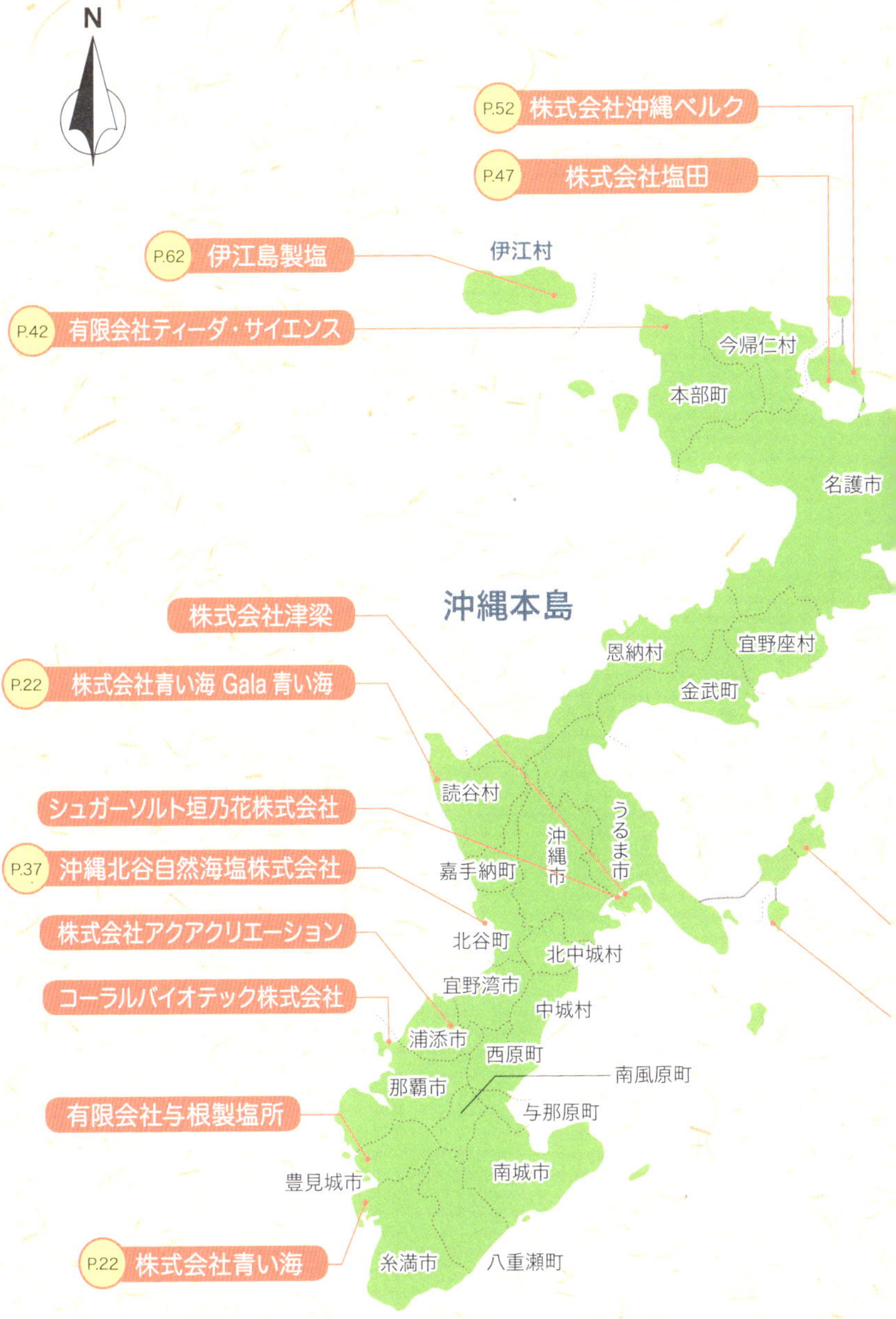

N
P.52 株式会社沖縄ベルク
P.47 株式会社塩田
P.62 伊江島製塩
伊江村
P.42 有限会社ティーダ・サイエンス
今帰仁村
本部町
名護市
沖縄本島
株式会社津梁
P.22 株式会社青い海 Gala 青い海
恩納村
宜野座村
金武町
読谷村
シュガーソルト垣乃花株式会社
P.37 沖縄北谷自然海塩株式会社
うるま市
沖縄市
嘉手納町
株式会社アクアクリエーション
北谷町
北中城村
コーラルバイオテック株式会社
宜野湾市
中城村
浦添市
西原町
南風原町
那覇市
与那原町
有限会社与根製塩所
豊見城市
南城市
P.22 株式会社青い海
糸満市
八重瀬町

製塩所マップ

Saltworks guide map 2013

沖縄の塩を知る

[What is Okinawan salt ?]

沖縄の塩の歴史

「はじめに」でも触れましたが、沖縄は世界有数の塩の名産地です。離島を含めると、なんと優に百種類を超える塩が生産されており、面積あたりの塩の種類で言えば、世界に類を見ないほど。美しい海には恵まれているものの、高温多湿で台風の襲来も多く日照時間も短い沖縄は、本来は塩の生産に適しているとは言い難いのですが、なぜ沖縄が塩の名産地となったのでしょうか。そこには歴史的背景があります。

塩の専売制度

塩は人間の生命維持には欠かせず、なんらかの形で塩分を摂取しないと人間は生きていくことができません。それゆえに、昔から世界各国で国の重要な財源として利用されてきた歴史があります。

日本も例外ではなく、一九〇五年に主に日露戦争の資金調達と塩の品質向上を目的として、塩の専売制度が導入されました。

当初は課税や技術指導だけでしたが、徐々にその様相を変え、幾度かにわたって生産効率が基準に満たない製塩所が廃止されました。そして一九七二年には、それまで自由に日本各地で製塩されていた自然塩の製造・販売が全面的に禁止されました。政府が認めた七社だけが、イオン交換膜という特殊な膜と電気の力を使って海水中のナトリウムだけを取り出して結晶させた「食塩」を販売・製造するという法律を施行するに至ります。これにより、日本各地にあった製塩所は姿を消すこととなりました。この一九七二年は沖縄が本土復帰を果たした年でもあります。

失われた自然塩を取り戻せ

一六九四年に薩摩藩から入浜式塩田が伝えられて以降、沖縄本島では屋我

地島や泡瀬や泊などの大規模産地で作られる自然の塩を使い続けてきました。

しかし一九七二年以降は本土同様に「食塩」が流通し、今までと同じ味が出せない、スクガラスなどの保存食品が腐ってしまうなどの問題が巻き起こります。沖縄県内の製塩業者にも廃業手当が支給され、次々と製塩所が閉鎖されていきましたが、それでもこの時点ではまだ沖縄にはいくばくかの塩田が残っていました。

そこで、塩田を失った本土の塩職人やこの事態に危機感を抱いた有識者たちが、政府関係各所との交渉をスタートする傍ら沖縄に集まり、現・㈱沖縄海塩研究所の小渡幸信氏や日本の自然塩復活の祖・谷克彦氏たちを中心に自然塩の研究を開始したのです。

この活動が、全国各地で起こる自然塩復興運動の一つとして、日本の自然塩の復活に大きく貢献することとなります。

名実ともに一大産地へ

その後、政府との交渉の結果、輸入塩を原料にして国内で塩に加工する方法なら生産・販売しても良いという許可がおり、現在の「ヨネマース」や「シママース」（原料はオーストラリアまたはメキシコの完全天日塩）が登場し、「食塩」よりも自然の塩に近い塩ができるようになったのです。そこからさらに数年をかけた先人たちの偉大な努力により、一九九七年には塩の専売制度の廃止が宣言されることとなりました。

そして自然塩復興運動の礎となったここ沖縄県では、現在では三十社以上の製塩所が塩づくりを行い、それぞれ工夫を凝らした技術で製塩を行っています。

海の美しさはもちろん、歴史的背景も踏まえ、「沖縄は世界に誇る塩の名産地」と言うことができるでしょう。

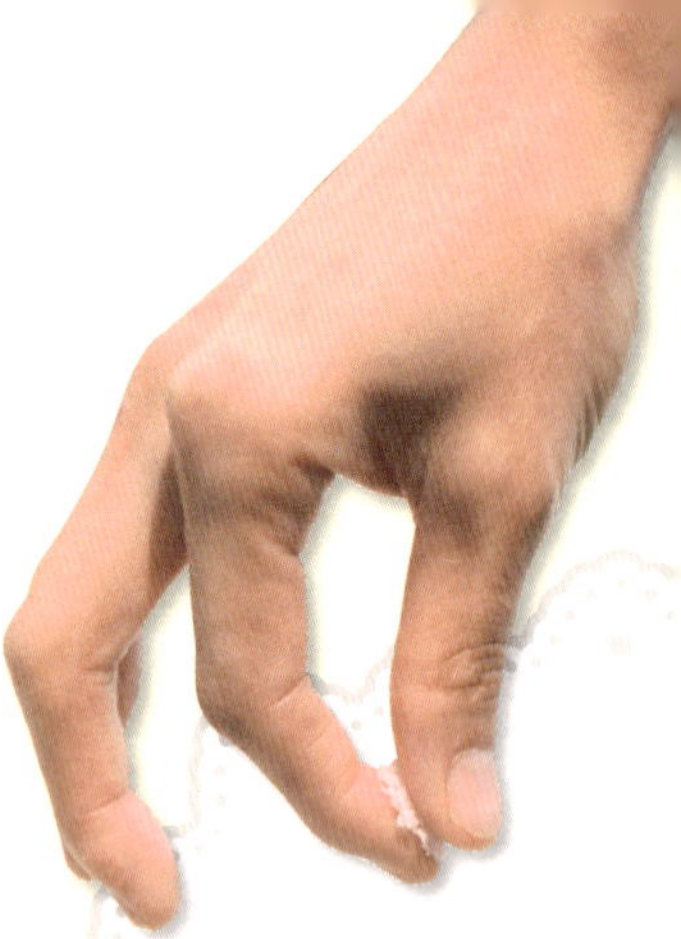

塩の種類

塩は原材料によって分類することができます。

海水塩

全世界の生産量の３割を占めています。海水からできる塩です。日本にはこれ以外の塩資源がごく一部の地下かん水しかないため、純国産の塩はほぼ海水からできています。

湖　塩

地殻変動によって閉じ込められた海水が長い年月をかけて濃縮されてできた塩分濃度の高い湖、もしくは地下の岩塩などが伏流水で溶けて湧き出て湖で結晶した塩。イスラエルの死海やボリビアのウユニ塩湖が有名です。

岩　塩

全世界の生産量の６割を占めています。鉱山から採取できる塩です。欧米諸国や中国、パキスタンに大規模な岩塩層があります。５億～200万年前に起きた地殻変動によって陸上に閉じ込められた海水が地下で結晶したものです。日本にもあるという伝説がありますが、実際には確認されていません。

地下かん水塩　地下に流れている、もしくは溜まっている塩分濃度の高い水を取水し結晶させたもの。日本にも温泉(食塩泉）から作られている塩があります。

再製加工塩　塩を原材料として作られる塩。上記のいずれかの塩をいったん海水または淡水で溶かして、再度結晶させた塩です。

調　味　塩　塩にハーブやスパイスなどをブレンドして味や彩りをつけたもの。シーズニングソルトとも言います。近年、その種類が急激に増えてきています。

塩の成分と味の違い

海水中には96種類の元素が含まれているので、塩にも同じ様に多くの元素が含まれています。その中で、塩を構成する主な成分は下記の五つに分類できます。それぞれに味があり、これらの成分がどの程度含まれているかが、その塩の味に大きな影響を与えます。どの原料を使い、どのような製法で塩にするかで大まかに決まります。

- **ナトリウム**……単純で直線的なしょっぱさ。
- **マグネシウム**……うまい苦味。ほかの味覚との対比効果でまろやかさやコクを演出します。にがりの主成分です。
- **カルシウム**……単体では無味。味覚の対比効果により甘さを演出します。
- **カリウム**……単体では涼しい酸味。味覚の対比効果でキレのよさを演出します。にがりにも多く含まれています。
- **その他微量ミネラル**……上記以外のしぶみ・えぐみも含む味の複合体。塩の味に厚みを演出してくれます。

微量ミネラルだが、少し多く含まれると特徴的な味を演出するもの

- **イオウ**……温泉卵のような香りと甘さ。
- **鉄**……赤身の肉にあるような酸味。

製造工程について

塩は基本的に「濃縮→結晶→仕上げ」の工程で作られていきます。それらの組み合わせ方や、製塩所独自の製法を加えることによって、それぞれの塩の〈個性〉が生まれてくるのです。

濃縮工程

天日：太陽や風の力で濃縮させる
平釜：非密閉の釜で加熱して濃縮させる
立釜：密閉型の釜で減圧または加圧して加熱し濃縮させる
逆浸透膜：海水から淡水を分離させる特殊な膜を通して濃縮海水を得る
溶解：塩を海水または淡水で溶かして濃縮塩水を得る
浸漬：「藻塩」を作る時に、海藻等を塩水に浸し、海藻の旨味成分を溶出させる
イオン交換膜：特殊な膜を使って海水中からナトリウムだけを取り出す

天日（入浜式塩田）

天日（枝条架式塩田）

逆浸透膜

結晶工程

天日：太陽や風の力で結晶させる
平釜：非密閉の釜で加熱して結晶させる
立釜：密閉型の釜で減圧または加圧して加熱し・結晶させる
加熱ドラム：熱したドラムに濃縮海水を吹き付けて瞬時に結晶させる
噴霧乾燥：温めた濃縮海水を空中に霧状に噴霧して風を当てて瞬時に結晶させる

天日(結晶ハウス)

立　釜

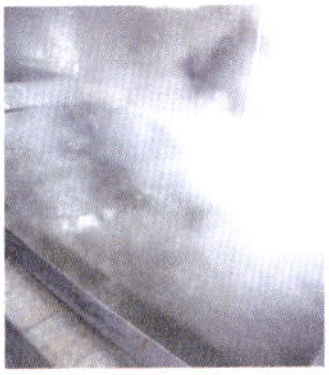
平　釜

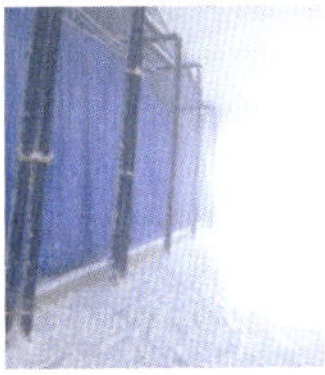
噴霧乾燥

仕上げ工程

焼成：200度以上の温度で焼いて水分を飛ばす仕上げの仕方
乾燥：塩の水分を乾燥させること。加熱、減圧、除湿乾燥のみで天日乾燥は対象外
粉砕：できあがった塩を細かく砕くこと
混合：できあがった塩になにか別の素材を混ぜること
造粒：塩の結晶を添加物や圧力を加えてある形に成型する工程
洗浄：水または塩水で塩を洗うこと

塩の形

塩の形状は主に九種類に分類されます。基本は立方体ですが、気温、湿度、かき混ぜ方、温度などによって、様々な形に変化していきます。

立方体

正六面体。濃縮海水の中で各方向に均等に結晶が成長したもの。結晶が堅い。

凝集晶

小さい立方体がくっつきあったもので、形は決まっていない。結晶が柔らかく崩れやすい。

フレーク

濃縮海水の表面にできる薄い板状の結晶。壊れやすく溶けやすい。

棒状

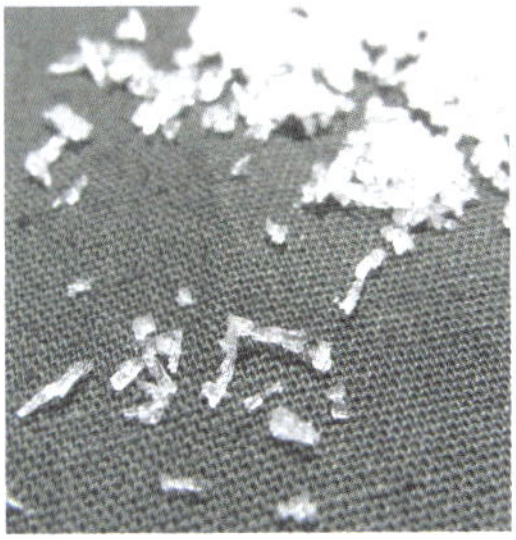

一本の棒のように、立方体がある一定方向にだけ成長した時に得られる。できにくく、溶けやすく、壊れやすいため、市販品としては流通していない。

トレミー

フレーク結晶が自重で沈みながら成長したもので、横からみると美しいピラミッド型をしている。もろくて壊れやすい。

球状

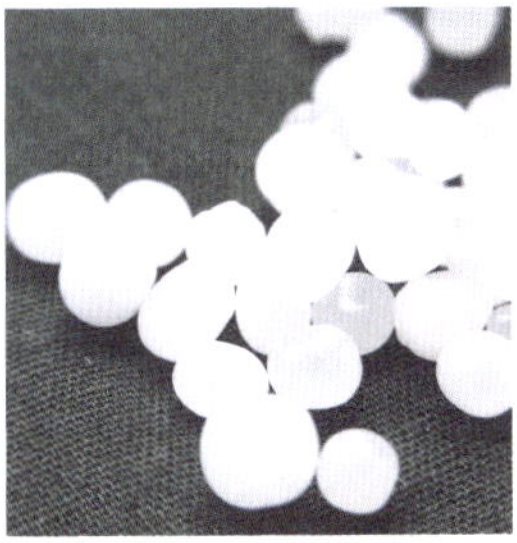

濃縮海水の中で立方体の結晶がゆっくり転がって角がとれながら成長したもの。

パウダー

水分を瞬間的に蒸発させた時に得られる片栗粉のような粉末状の結晶。

粉砕

様々な形の結晶を粉砕した不定形のもの。使い勝手をよくするために行われることが多い。

顆粒

パウダー状の塩を造粒して顆粒状にしたもの。

商品パッケージの見方

商品パッケージの裏面には多くの参考になる情報が記載されています。どんな塩なのか知りたい時、ぜひじっくり裏面を読んでみてください。

※塩には栄養成分表示が義務付けられていないため、記載のない製品もあります。また、製造方法の記載も同様です。

●原材料（何から作られているか）と製造者（または販売者・輸入者）がわかります。

●100gあたりの栄養成分表示

塩を構成するそれぞれの成分の含有量が書いてあります。15ページの「塩の成分と味の違い」に照らし合わせて、大まかに味を予測することができます。

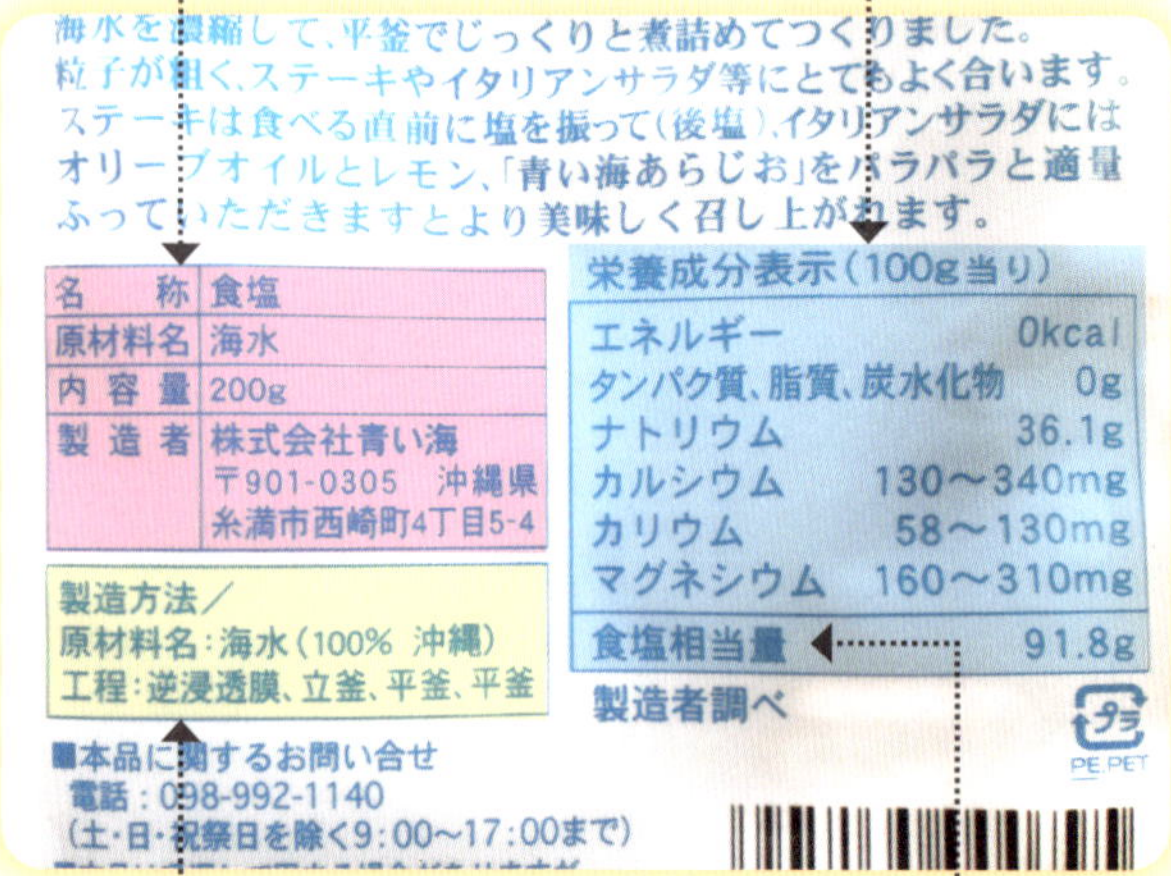
海水を濃縮して、平釜でじっくりと煮詰めてつくりました。
粒子が粗く、ステーキやイタリアンサラダ等にとてもよく合います。
ステーキは食べる直前に塩を振って（後塩）、イタリアンサラダには
オリーブオイルとレモン、「青い海あらじお」をパラパラと適量
ふっていただきますとより美味しく召し上がれます。
名称　食塩
原材料名　海水
内容量　200g
製造者　株式会社青い海　〒901-0305　沖縄県　糸満市西崎町4丁目5-4
製造方法／
原材料名：海水（100%　沖縄）
工程：逆浸透膜、立釜、平釜、平釜
栄養成分表示（100g当り）
エネルギー　0kcal
タンパク質、脂質、炭水化物　0g
ナトリウム　36.1g
カルシウム　130～340mg
カリウム　58～130mg
マグネシウム　160～310mg
食塩相当量　91.8g
製造者調べ
本品に関するお問い合せ
電話：098-992-1140
（土・日・祝祭日を除く9:00～17:00まで）
PE.PET

●原材料の産地と工程（作り方）が記載されています。
工程は濃縮→結晶→仕上工程の順番で記載されます。
※製造方法の詳細はP.16を参照

●食塩相当量とは？

ナトリウムがすべて食塩に由来するものとして、その量を食塩量に換算したものです。書いてない場合は、ナトリウム ×2.54 でおおよその数字を導きだすことができます。この数字が高ければ高いほどしょっぱみの強い塩であることが推測できます。

沖縄本島編

［Okinawa main island］

●株式会社青い海／シママース

昔ながらの塩の復活に向けて

沖縄の一般家庭や飲食店などでも幅広く使用されている塩といえば、まず「シママース」が思い浮かぶだろう。実はこの塩は、オーストラリアやメキシコから輸入される天日塩を沖縄県の海水に溶かして、再度結晶させたものだ。美しい海が目の前に広がっているのに、なぜ海外の塩を使っているのか。その理由は、本土復帰にあった。

「島の真塩《マース》」絶滅の危機に立ち向かう

一九七二年の本土復帰後、本土ですでに施行されていた塩専売法の規制が沖縄にも適用され、そのために沖縄の海水一〇〇%での塩づくりが禁止された。それにより、それまで県内各所に位置していた塩田は、一部の研究目的のものを除き廃業を余儀なくされていった。沖縄の塩づくりが途絶えようとしていたのである。

そのような事態に早くから危機感を覚えていたのが知念隆一氏だ。知念氏は宮城島生まれで、製塩が盛んな地域であり、幼少の頃から塩づくりに親しんでいた。知念氏自身も、終戦直後には芋に塩をつけて食べて飢えをしのいだり、周囲のお年寄りが畑で塩を舐めながら作業をしていた様子を見て育ち、そのような環境の中で自然と「塩は生命の源である」という発想を持つようになっていった。そして高校卒業後に上京し血液生理学を学んだことで、より自然の塩の重要性を認識することとなったのである。

一九七三年、前年の本土復帰により塩田が消えつつあった沖縄に戻ってきた知念氏の呼びかけにより、塩づくりの知識を持った有志が集まり、「青い海と自然塩を守る会」が発足された。そして、度重なる政府への働きかけにより、一九七四年には「株式会社青い海」が創設され、これが本土復帰後の沖縄県第一号の製塩工場となったのである。

沖縄の海水百%の塩へ

しかし創設当時はまだ沖縄の海水一〇〇%での製塩は認められておらず、

県内最大の平釜。ここまで大きい釜に均等に火を通すのは至難の業だ。

政府から唯一許可されていたのは「国が輸入した外国産の塩ににがりを加えるなどして作る」という方法だった。この規制の中で、どれだけ沖縄の海水一〇〇%で作った自然の塩に近い状態にできるか、試行錯誤を繰り返した結果生まれたのが、オーストラリアまたはメキシコから輸入された天日塩を沖縄の海水で溶かして、平釜で焚いて再結晶させるという方法であった。この方法で作られ、沖縄県第一号の昔ながらの塩として普及したのが、現在でも広く親しまれている「シママース」である。当時の価格は、イオン交換膜塩が三十円/キロだったところ、「シママース」は三百円/キロと、約十倍であったが、昔ながらの塩を求める声に後押しされ、広く受け入れられた。

一九九七年に塩専売法が終焉を迎えると、創業からの念願であった沖縄の海水一〇〇%で作る「青い海」や「美ら海育ち」などの製品も生産されるようになり、現在に至るまで徐々にその量を増やしているが、本土復帰に伴う沖縄の塩の歴史の象徴ともいえる「シママース」は、いまだ㈱青い海の主力製品であり続けている。

●株式会社青い海のご案内
代表取締役社長：又吉元栄
住所：沖縄県糸満市西崎町4丁目5番地の4
電話：098-992-1140（営業部）
FAX：098-994-8464（営業部）
見学：見学用施設として読谷村に「Gala 青い海」がある。
URL：http://www.aoiumi.co.jp/
通販：http://gala1140.ch.shopserve.jp/

●アクセス（Gala 青い海）
【車】那覇から約27km（約1時間）。国道58号を北上し読谷村内伊良皆交差点を左折、県道6号線を残波岬方面へ向います。
【バス】那覇から路線番号28番のバス。読谷村大当(ウフドウ)停留所下車、徒歩約20分

伝統の保全と生産性向上

昔ながらの塩づくりでは、海水を煮詰めて結晶させるのに、平釜とよばれる大きな釜が使われてきた。鍋に海水を入れてひたすら煮詰めていくやり方だ。

しかし最近では製塩の効率化や技術革新も進み、製塩所の規模が大きくなるにつれて効率の悪い昔ながらの平釜を使う企業は減少傾向にある。しかし、沖縄県内最大の製塩企業である同社では、「昔ながらの塩の形を再現するためには、どうしても平釜でないといけない」と、現在でも平釜を使い続けているのだ。

最近主流となりつつある密閉型の立釜（減圧または加圧する）を使うと、平釜に比べてかなり短時間で効率的に塩ができあがるが、結晶の形はほぼ均一の立方体になる。一方、平釜を使うと、釜の底、中層、表面で、それぞれできあがる結晶の形が異なる。たしかに、平釜の中にはピラミッド型のトレミー結晶、板状のフレーク状、立方体がいくつもくっつきあった凝集晶など、バラエティ豊かな塩の結晶が混在している。それらが混在してこそ「沖縄の昔ながらの塩」というわけだ。

「シママース」の製造に使用している平釜は、縦二十メートル×幅三・五メートル×深さ四十センチと、県内最大級の大きさを誇る。昔は薪で焚いていたそうだが、生産量が増加し平釜が巨大化するにつれ、熱効率などを改善するために、現在では高温の蒸気が通る管を何本も平釜の中に這わせて、そこから出る熱で約八時間かけて焚き上げている。そのできあがった塩のにがりを切るのも、遠心分離機に入れてしまえば早いのだが、結晶が壊れてしまうからという理由で、昔ながらの木箱を使用している。袋への充填も、基本は機械を使って充填しているが、生産量が多くなった時には勤続年数三十年以上というベテラン職員たちにより、機械よりも早いスピードで塩が充填されていく。

伝統的な製法を守りながらも、効率のよい生産を目指して改善を繰り返し、生産効率の追求と伝統的製法の保全という、非常に難しい二つの事柄を絶妙なバランスで両立させているのが印象的であった。

にがり切りの木箱の下にできた塩のつらら。まるで鍾乳洞のように美しい

沖縄の塩を全国民の一%に届けたい

創始者知念氏の想いを受け継いだ現社長の又吉元栄氏はこう語る。

「沖縄は観光地ですから、お土産品として沖縄の塩のブランドを確立させることももちろん大切なこと。ただそれ以上に、『塩は生命の源』であり、お土産品としてではない、日常のものとして使ってもらいたいと思っています。企業なので経営は追求していかないといけないのですが、そんな中でも、美しく青い海を守り、伝統を守り、面白味や人間味を残していきたいと思っています」

そう語る又吉社長の夢は「全国民の一%に沖縄の塩を使ってもらう」こと。夢はまだまだ大きいが、県内外で沖縄の塩の需要が高まっている現状を見るに、遠くない未来に夢が実現される日が来るのではないかと期待が高まった。

生産者情報　株式会社 青い海

代表取締役社長
又吉 元栄 氏

創業者の熱い想いを継ぎ、社長に就任。温厚な語り口ながら塩づくりの話になると熱い！職員が心身共に健康に働ける環境整備にも努め、会社には勤続30年以上のベテランも多い。

「シママース」の結晶。よく見ると様々な結晶が入り混じっている

【シママース】

【原材料】天日塩（89.3%・メキシコまたはオーストラリア）海水（10.7%・沖縄）
【添加物】なし　**【色】**白　**【工程】**溶解、平釜　**【形状】**凝集晶、フレークの混合

●栄養成分（100g 中）

ナトリウム	36.3g
カルシウム	105~300mg
マグネシウム	40~300mg
カリウム	20~100mg

●おすすめの食材・メニュー
- 根野菜の素揚げ
- 豚バラ肉
- グルクンの唐揚げ

●味覚チャート

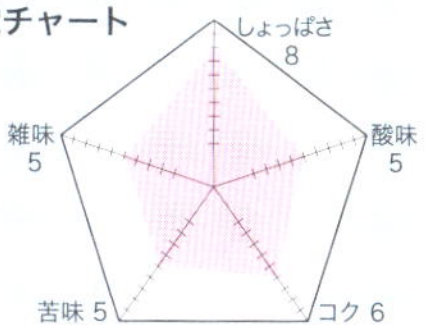

●味わい

最初にしっかりした強めのしょっぱみを感じ、塩が溶けるにつれほのかな雑味が顔を出す。喉に残らないあっさりとした後味で、全体的にさっぱりとした印象。粒子の水分量も粒の大きさも標準的なので指でつまみやすく、料理に使っても溶け残りがない。またコストパフォーマンスもよく、ナトリウム構成比も高く保存性も期待できるので、漬物などで大量に塩を使用する場合にも。

おすすめレシピ

季節の揚げ野菜

No.1

野菜たっぷり、彩りもあざやか

1人分
339kcal

季節の揚げ野菜 × シママース

特徴

好きな野菜をなんでも揚げて、塩味のきいたヘルシーなおつまみに。

材料（4人分）

かぼちゃ…1/4個　ピーマン…2個
じゃがいも…2個　にんじん…1本
菜種油…適宜

作り方

①野菜は洗ってしっかり水気を拭き取る。
②野菜を切る。かぼちゃ、にんじんは厚さ3mm程度に、ピーマンは縦に8等分に、じゃがいもはスライサーで薄く切る。
③180℃に熱した菜種油で、②の野菜を素揚げにする。かぼちゃはしっかり火が通る まで5分程度、そのほかの野菜は2～2分半程度で油から上げる。
④皿に盛り、熱いうちに塩をふりかけたらできあがり。

ポイント

＊長い時間揚げすぎると油を吸いすぎてべちゃべちゃになるので、さっと短い時間で揚げる。
＊水気をしっかり拭き取らないと油がはねるので注意。
＊レンコン、ごぼう、たまねぎなどもおすすめ。

●浜比嘉島の塩工房（高江洲製塩所）／浜比嘉塩

自然の力を借りた塩作り

神々が石と土を持って天から降りてきて島を作り、住み着いて子をなした、琉球の始まりとも言われている浜比嘉島。石垣にヒンプン、赤瓦の屋根と昔ながらの沖縄の風情が色濃く残っている自然豊かな島だ。沖縄本島とは海中道路でつながっているが、近年、近隣の伊計島、宮城島とともに小中学校が廃校になり平安座島に集約されるなど、厳しい過疎化の中にある。そんな浜比嘉島で新たに塩作りが始められたと聞いて、訪ねてみた。

できるだけ自然の力を借りる

ものすごくハキハキしていて、キビキビと動き回る、元気ハツラツな人。塩職人には寡黙な人が多いのだが、ここ浜比嘉島の塩職人・高江洲優氏は、元気に動き回りながら、こちらが質問する前に次から次へ塩の良さ、製法のこだわりを熱く語ってくれた。

高江洲氏がこの地で本格的に塩作りを始めたのは、二〇一〇年のこと。おじいさんも塩づくりをしていたことがあるという高江洲氏にとって、塩作りに携わることは自然の流れだったのかもしれない。みずから独立して塩作りを始めようと決意したその時、運良く浜比嘉島に昔製塩が行われていた施設が空いており、タイミングよくそこを借りることができた。

しかも、民家も畑も少なく、生活廃水や農薬なども気にする必要がない浜比嘉島という環境は、高江洲氏の目指す塩作りにはもってこいの場所だった。

「できるだけ自然の力を借りながら、昔ながらのおいしい塩を作りたい」という思いから、兵庫県赤穂市に勉強に出かけるなど、塩作りを研究した。その結果、入浜式塩田や揚浜式塩田に比べると効率が良く、かつ自然の力を借りた製法（枝条架式塩田＋流下盤）で海水を濃縮し、平釜で炊いて塩にする方法にたどりついた。

設計図もない中、家族・親族・友人の協力を得て、作りあげることができた。そのほか、入口で訪問者を迎えてくれる大きな可愛らしいシーサーも、塩作り体験で持ち帰りに使うおしゃれな塩壺も、数十年来の友人である陶芸作家が高江洲氏のために作ってくれたものだという。まさに、みんなの想いが結晶した塩作りがスタートした。

転んでもただじゃ起きない

いよいよ始まった塩作り。しかし、初年度はまったく思うような塩ができなかったという。試行錯誤で一年間はあっという間に過ぎていった。そして迎えた二年目。やっと「これだ!」という塩ができてきたと思った矢先、浜比嘉島を襲ったのが、夏の大型台風だった。せっかく組んだ枝条架式塩田はすべて吹き飛ばされ、製塩所は手痛いダメージを負った。結局、この年もほとんど塩は出来上がらなかった。

しかし高江洲氏には、転んでもタダでは起きない粘り強さがあった。台風で吹き飛ばされた枝条架式塩田を見つめながら、気がついた。「竹枝が固定されているから風で吹き飛ばされてしまうんだ! 竹枝を外すことができればいいんだ!」

こうして、稀に見る取り外し可能な枝条架式塩田が誕生した。単純なことのようだが、これは台風が頻繁に襲来する沖縄では、非常に有用な対策といえる。台風の気配があれば竹枝を外して枠組みだけにしてしまうので、その後の台風では風で吹き飛ばされることもなくなったという。

また、平釜にも工夫が施されている。

沖縄本島では唯一の枝条架式塩田。巨大だ

●浜比嘉島の塩工房（高江洲製塩所）のご案内
塩職人：高江洲優
住所：沖縄県うるま市勝連比嘉 1597
電話：098-977-8667
FAX：098-977-8667
見学：随時可能。団体の場合は事前に TEL
URL：http://hamahigasalt.com/index.htm

●アクセス
【車】浜比嘉大橋を渡り左へ。公衆トイレを右折し、突き当たりの公民館を左へ。道なりにまっすぐ進むと塩工房の看板が。ナビもしくは事前に調べておくのがおすすめ。http://siokoubou.ti-da.net/e3787473.html に詳しい。

高江洲氏の平釜では、薪やボイラーなどの直火で炊くのではなく、平釜の中に蒸気管を設置し、そこに熱い蒸気を流すことで海水を沸騰させる。最近よく採用される製法だ。しかし変わっているのは、その配管の形だ。半月型に切って、平釜の下側に埋め込んであるのだ。円筒形の配管を釜の中に設置すると、その配管の周りに塩の結晶がくっつくために、出来上がった塩を採取する時に手間がかかるし、なにより取りにくい。高江洲氏の方法なら、熱効率はそのままに配管に塩がこびりつかずに取りやすいのだ。底なしのアイデアマンである。

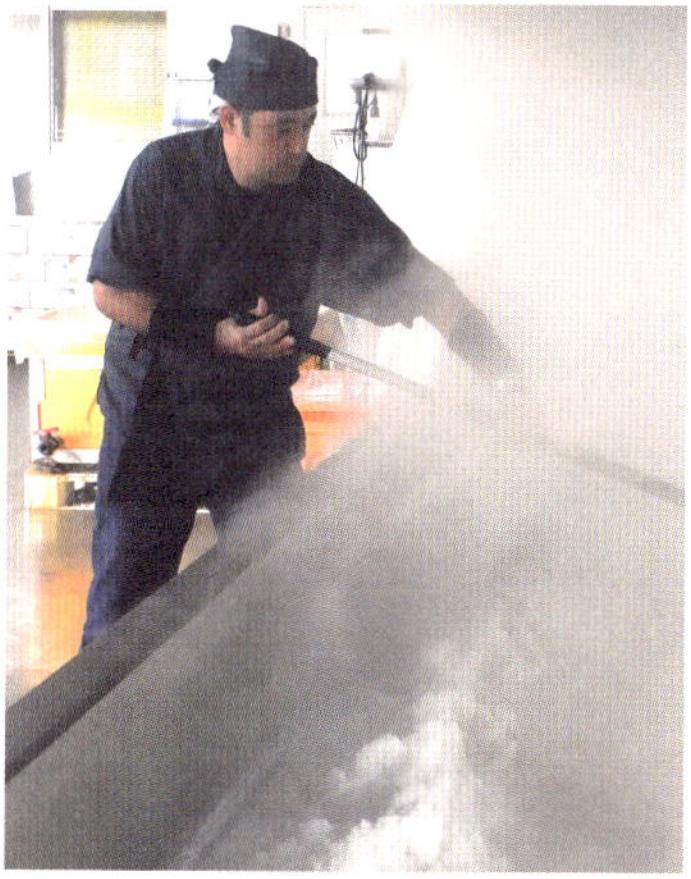

平釜で塩とにがりをなじませる。ずっしりと重い

にがりに対するこだわり

釜の中に塩の結晶が出来上がると、にがりと馴染ませてから採取する。出来上がったばかりの塩はほんのり茶色をしているが、すのこを敷いた桶の中で数日間、かき混ぜながら寝かせると、にがりが適度に抜けて、塩の結晶は純白に変わる。この、にがりをどのくらい残すかというのが高江洲氏のこだわりどころだ。

「残しすぎたら苦くなるし、切りすぎたらしょっぱくなる。ちょうどよい加減になるように、かき混ぜながら寝かせるんです。どのくらい寝かせるかはその時の塩の状態によるのでなんともいえません」

一方、塩から抜けて滴り落ちたにがりは濃い茶色をしており、このにがりだけを常温で寝かせておくと、数ヶ月後には底のほうに大きくてきらきらした塩の結晶が出来上がる。これが製塩所限定で販売している「にがり塩」で、一年間で約二十キロ程度しか採れない。にがりの中のナトリウム、マグネシウムやカリウムが結晶したものだが、ナトリウムの含有量が少ないため、しょっぱみはあまり強くない。苦味とコクが強く、口の中に旨みがずっと残る。普通の塩とは違う、不思議な味わいだ。

ドキドキワクワクを伝える

塩作りからメンテナンス、果ては営業活動まで、袋詰め以外の工程のすべてを一人でこなす高江洲氏だが、製塩所に訪れた人達には、自ら率先して懇切丁寧に塩づくりの工程を案内する。浜比嘉島の自然の豊かさを伝えることで自然を大切にする気持ちを、そして昔ながらの塩作りを伝えることで、知らなかったことを知るドキドキワクワクした喜びを感じてほしいという気持ちからだ。

この生産規模の製塩所にしては他に類を見ないほど整った製塩設備も、こうした「見学に来てほしい」という想いの現れだという。

枝条架式塩田の目の前でできる塩作り体験施設も、約三十名の受け入れができるようにスペースを大幅に拡大した。ぜひ、足を運んでみてほしい。

晴天が続くと竹枝の先にできる塩の雫

生産者情報　浜比嘉島の塩工房

塩職人
「高江洲 優 氏」

テキパキとした無駄のない動きとハキハキとした明るく語り口が印象的な高江洲氏。常に「どうやったら相手が楽しんでくれるか」ということを考えてくれる。

【浜比嘉塩】

【原材料】海水（沖縄・100％）　**【添加物】**なし　**【色】**白
【工程】天日、平釜　**【形状】**凝集晶

●栄養成分（100g 中）

ナトリウム	37.8g
カルシウム	216mg
マグネシウム	297mg
カリウム	410mg

●おすすめの食材・メニュー
・魚介類を使ったスープ
・レタス、エンダイブなどの葉野菜
・もずく、ひじきなどの海藻類

●味覚チャート

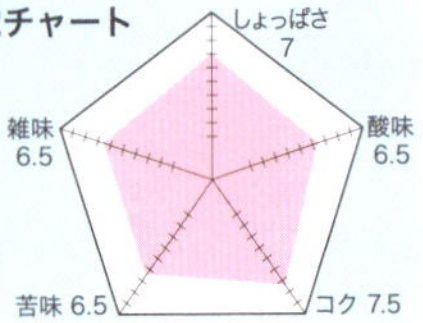

●味わい
味覚のバランスの良い、全体的に力強い印象の塩。とれたての海藻のような風味がある。また、塩が溶けるにつれて、隠れていた梅のクエン酸のようなほのかな酸味と、金属（鉄）のような苦味が姿を表す。水に溶かすと水の味がまろやかになり飲みやすくなる。

おすすめレシピ

アジと大葉のインボルティーニ

No.2

海の香りが魚介類にマッチ

1人分
294kcal

アジと大葉のインボルティーニ×浜比嘉塩

特徴

インボルティーニとは「包む」という意味。浜比嘉塩は海の香りが強いので、魚介類との相性が抜群。

材料（4人分）

アジ…8尾　大葉…8枚
小麦粉…適宜　浜比嘉島塩…小さじ1
オリーブオイル…大さじ2

作り方

①アジは頭を落として内臓と骨を取り除き3枚におろす。（無理そうなら開きでもOK）
②両面に塩をふり、10分ほど置いて、出てきた水気をキッチンペーパーで拭き取る。
③ ②を皮を下にして置き、上に大葉を乗せてくるくる巻き、端は爪楊枝で止める。小麦粉をまんべんなくまぶす。
④フライパンにオリーブオイルを熱し、③を並べて中火で全体を焼く。ほどよい焦げ目がつき、火が通ったらできあがり。

ポイント

＊アジは崩れやすいのであまり箸でいじらないように。

目指すは〝人類を救う塩〟

●株式会社ぬちまーす／ぬちまーす

広い部屋の中を塩が真っ白に染める光景は、沖縄県民の誰しもがテレビや雑誌で一度は目にしたことがあるのではないだろうか。塩では初めてギネス記録に認定され、著名人の熱烈なファンも多い。美しい海が眼前に広がる宮城島の高台の上にある工場を訪れた。

発明家ならではのひらめき

「ぬちまーす」の生みの親である高安正勝氏は、筋金入りの発明家気質だ。十歳になる頃には「将来は発明家か物理学者になる」と心に誓い、琉球大学物理学科に進み「生命とはどのように生まれるのか」というテーマで生命物理を研究している間も、南西航空に入社して技師として働いている間も、その想いは変わることなく、様々な発明を行っていた。

その中で、蘭を簡単に栽培する方法を発明し、それに専念するために会社を辞めた。そして、よりよい栽培方法の発明に向けて試行錯誤しているうちに出来上がったのが、「水を細かい霧状にして空中に散布することで、ビニールハウス内を冷やす方法」であった。これがのちに「ぬちまーす」につながろうとは、この時、作った本人ですら予想もしていなかっただろう。

そんな折、平成九年一月四日の新聞に「塩の専売制が廃止、自由市場への転換へ」という記事が掲載された。その記事を見た瞬間に、パッと目の前に浮かんで見えたのが、「空中から降ってくる粉雪のような塩」の映像だった。それと同時に、「ぬちまーす（命の塩）」という名前も浮かんできたという。それからの行動は早かった。すぐにビニールハウス内の蘭の花を片付け、缶コーヒーの空き缶と扇風機を分解して組み立てた装置を使って、塩作りの実験を開始した。

「いつでもなにか発明しようという気持ちがあったからできた塩。そして、できた塩を見て、これは『人類を救う塩』だと感じた」

目の前に映像が浮かんできてから一

年半、百数十回の実験と改良を経て、ビニールハウス内に塩の雪が降り積もる日が来た。

世界でも類をみない製塩方法

世界中を見渡しても、こんな変わった塩の作り方をしているところはない。それは「常温瞬間空中結晶製塩法」と名付けられた製法で、世界十三カ国で製法特許を取得している。そのほか、文部科学大臣賞（技術部門）、特許庁長官賞（知財功労賞）や、経済産業大臣賞「ものづくり日本大賞優秀賞」も受賞している。製塩では非常に珍しいことだ。

まず、空中に濃縮海水を霧状に噴霧し、そこに温風を当てて水分だけを蒸発させることで、地面に落ちるまでに結晶にさせる。それを低温で乾燥してさらに水分を飛ばしてさらさらにする。こうすることで、通常は分離してしまう「にがり」もほぼすべて含んだまま、つまり海水の成分をほとんど残した塩ができる。

製塩室の中。すでに噴霧が始まり、真っ白

実際に製塩機を稼働してもらい、製塩室の中を歩いてみたところ、それまで視界良好だった製塩室内は、たちまち北海道のスキー場へと変貌を遂げた。空気中に微粒な霧となって散布された濃縮海水は、温風に当てられ、パウダースノーのように地面へ降

●株式会社ぬちまーすのご案内
代表取締役：高安正勝
住所：沖縄県うるま市与那城宮城 2768
電話：0120-70-1275
FAX：098-983-1112
見学：年中無休。9:00～17:30。団体の際は予約が望ましい。
その他：併設のレストランにて「ぬちまーす」を使った食事が楽しめる。
URL：http://www.nutima-su.jp/index.html

●アクセス
【車】那覇空港から車で 1 時間 30 分～ 2 時間弱。沖縄自動車道を利用の場合は北中城 I.C か沖縄北 I.C で降りると便利。「海中道路」で平安座島から、宮城島に渡る。

り積もる。まだ水分を含んだ塩は、重なるにつれて周囲と馴染み、まるで濃厚に泡立てた上質な生クリームのようにもったりとした山となって積もっていった。「ぬちまーす」の最初の製品名は「海からの雪」という名前だったそうだが、塩が降り積もる光景は、まさに「沖縄に降る雪」であった。

「身体の中の海」を正常に戻したい

　母体内で胎児が成長する時に浸かっている羊水の成分が海水と似ていることは有名な話だが、そもそも人間はもちろん、すべての生き物は海から生まれ、進化の過程で体内に血液・体液という「海」を抱えることで、陸上でも生活できるようになった。だから、海水からナトリウムだけをとりだした塩を使ったり、極度に減塩したりすると、この「体内の海」のミネラルバランスがおかしくなり、いろいろと身体に不具合を生じる。

　大学と共同研究を続けてきた高安氏は、様々な実験データから、「ぬちまーす」には体内の海を正常な状態に導き、食べた人を健康にする力があることを確信している。

　『ぬちまーす』は、海水からなにも足さない、なにも引かない理想の塩。なぜなら高温で製塩していないので、水に溶かすとちゃんとミネラルがイオン化した状態になり、海の味を出してくれる。つまり海そのまま。だから食べた人を健康にすることができる〝人類を救う塩〟だと確信している」

　実際に、現在、同社で役員として活躍する新垣さんは、ご家族の不調が「ぬちまーす」を使い続けるうちに治ったということで、惚れ込んで入社をしたという。高安氏も、自身の食事には大量の「ぬちまーす」をふりかけて健康維持に役立てている。

　また、マスターズで活躍する譜久里武選手ほか、「『ぬちまーす』を使い始めてから疲れにくく、回復しやすくなった」と愛用するスポーツ選手も多い。固定ファンの多さが、この塩の良さを物語っている。

　宮城島にある見学施設「ぬちうなー(命の庭)」には、全国・海外・地元から年間約六万人もの人が訪れるそうだが、何度も訪れては、逆にスタッフに「ぬちまーす」の使い方を提案していく、熱心なリピーターも多いそうだ。

降り積もった塩。まるでスキー場だ

人類みんなに行き渡るように

講演の機会も多い高安氏は、常に「夢を大きく持ちなさい。夢があなたの原動力だ」「どんなことだって『失敗』なんてことはありえない。なぜなら次のための『勉強』になるのだから」というメッセージを伝え続けている。そして氏自身も、今でもなにか新しいものを開発しようという気持ちを持ち続けている。

製塩所の目の前にはパワースポットも。散策できる

すでに「シルクソルト」や「ぬち髪（かじ）」「塩石鹸」などの美容製品は発売されているが、今後は、「ぬちまーす」をエステやタラソテラピーなどのアンチエイジングに役立てていきたいという目標があり、そのために生産量を今の十倍にする方法を開発中だ。しかもすでに目処はついたという。今後の新しい展開が楽しみだ。

生産者情報　株式会社ぬちまーす

代表取締役社長
高安 正勝 氏

「またなにか違うことで世界一をとろうと思っている」という根っからの発明家。生命物理学の観点から、「ぬちまーす」を全世界に広め世界中の人を健康にすることを願っている。澄んだ純粋な目が印象的な人です。

【ぬちまーす】

【原材料】海水（100%・沖縄）　**【添加物】**なし　**【色】**白
【工程】逆浸透膜、噴霧乾燥、低温焼成　**【形状】**パウダー

●栄養成分（100g 中）

ナトリウム	29.25g
カルシウム	440mg
マグネシウム	3620mg
カリウム	1140mg

●おすすめの食材・メニュー
- 白身魚の天ぷら
- チョコレート
- 豚肉
- スポーツドリンク代わりに

●味覚チャート

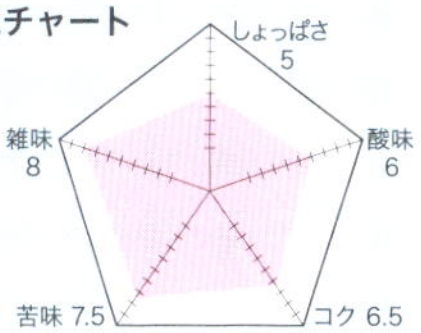

●味わい
溶けた瞬間のインパクトが強いが、まろやかで余韻は短め。
カカオのような苦みとふわっと海の香りを感じる。
デコレーションやつけ塩など、舌に直接あたるような使い方がおすすめ。

ほろ苦さと甘さがひきたつ

おすすめレシピ
フォンダン塩ショコラ
No.3

1個分
305kcal

フォンダン塩ショコラ×ぬちまーす

特徴
カカオの苦味とぬちまーすの苦味が似ている点を利用して同化させてコクを出す。パウダー状なので粉糖とまぜてふりかけて見た目でも活かす。

材料 （マフィンカップ４個分）
- ブラックチョコレート…70g
- 無塩バター…60g
- 薄力粉…30g
- 卵（MS）…１個
- 砂糖…40g
- ココア…５g
- ぬちまーす…小さじ 1/2 ＋小さじ 1/4
- 粉糖…小さじ２

作り方
①オーブンは 180℃に余熱しておく。
②ボウルにチョコレートとバターを入れて湯煎にかけて溶かす。
③別のボウルに全卵を割り入れ、砂糖を加え、泡立て器で白くもったりするまで泡立てる。
④ ②に③を少しずつ加え、だまにならないように混ぜる。
⑤ ④にココア、薄力粉、「ぬちまーす」小さじ 1/2 をふるい入れ、ダマにならないように混ぜる。
⑥カップに⑤を８分目くらい入れたら、①のオーブンで 10 分焼く。
⑦粗熱が取れたら、粉糖と「ぬちまーす」小さじ 1/4 を合わせたものを上からふるう。

ポイント
＊焼きすぎると普通のケーキになってしまうので注意。表面がひび割れたら OK。
＊冷えたら食べる直前にレンジで 10 ～ 15 秒ほど温め、粉糖とぬちまーすをふりかける。

●沖縄北谷自然海塩株式会社／北谷の塩

自然塩をもっと使ってほしい

ダイビングスポットとしても有名な北谷町の海沿いの住宅街の中、県の海水淡水化センターの横に位置するのが「北谷の塩」を生み出す沖縄北谷自然海塩㈱の製塩所だ。住宅街に位置するために周辺環境に配慮し、塩作りにはつきものの塩分を含んだ水蒸気を一切排出しない製法を採用するなど、今までにはない塩作りに取り組んでいる。

沖縄の水不足から生まれた塩

「北谷の塩」の紹介をするためには、まず隣接する「海水淡水化センター」について説明しなくてはならない。

同施設は、沖縄県の度重なる干ばつ対策として、海水から淡水を分離する技術が配備された県の施設だ。足掛け十年以上の歳月を経て一九九六年に設立された。「逆浸透膜」という特殊な膜を通すことで、海水十万立方メートルから約四万立方メートルの淡水を取り出すことができる。逆に言うと、残りの六万立方メートルは、淡水が取り出された分だけ濃縮されて、濃度約六%程度の濃縮海水となる。設立当初はこの濃縮海水は特にこれといった活用方法がなく、海へと放出していた。そこに着目したのが、沖縄北谷自然海塩㈱だ。

塩づくりにおいては、いかにして海水を効率的に濃縮するかが非常に重要だ。一般的に、塩の結晶が採取されるのは濃度約三〇%程度。海水の十倍の濃さなのだ。そこに至るまでには、薪や重油を使って釜を焚き続けるか、もしくは太陽と風の力を利用することが多いが、いずれにせよかなりの費用と労力、そして時間がかかる。「海水淡水化センター」から排出される濃縮海水を使うことで、この濃縮工程の一部を

海水淡水化センターの逆浸透膜装置。国内２位の大きさを誇る。

省略することができ、大幅なコスト削減につながるのだ。

　二〇〇〇年十二月、この利点に着目した県と民間企業が合同で出資・経営する形で、「海水淡水化センター」の隣に、沖縄北谷自然海塩㈱が設立された。(二〇〇八年に民間企業に譲渡され、現在は民間企業のみで経営されている。)

自然塩を安価でたくさんの人に

　塩職人の棚原氏はこう語る。

「専売制度がなくなって自然塩は増えたけれど、どれも価格が高いですよね。美味しいことはわかっていてもなかなか広まっていかない理由はそこにあると思う。もっと安ければ、もっとみんなに使ってもらえるはずなんです。だからうちでは徹底してコスト削減をして、できる限り価格を抑えています」

　価格を抑えるために徹底されているのが、オートメーション化だ。製塩中の工場内に人影はなく、機械が動く音だけが響いている。この工場では、すべて管理室のメインコンピューターのタッチパネルで操作することができるのだ。労働力の必要な製造は機械に任せ、人間は主に機械のメンテナンスや清掃などを行うことで、製塩にかかる人件費を削減することができる。また、どの製造工程もにおいても効率的な方法が採用されている。工程は次のとおりだ。

　海水淡水化センターから運ばれてきた濃縮海水を、工場内でもう一度逆浸透膜に通して再濃縮したのち、密封型の真空蒸発缶の中で、圧力をかけながら加熱・結晶させる(立釜)。真空にして圧力をかけることで、通常よりも低温の六五度で沸騰させることができるので時間の短縮になるのだ。さらに低温で沸騰させることで、釜のメンテナンスを困難にする硫酸カルシウムのこびりつきを防ぐことができ、清掃に

●沖縄北谷自然海塩株式会社のご案内
塩職人：棚原潤也
住所：沖縄県中頭郡北谷町宮城 1-650
電話：098-921-7547
FAX：098-921-7628
見学：可。2 日前までに要予約。
URL：http://www.nv-salt.com/index.html

●アクセス
【車】那覇空港から約 1 時間 30 分。国道 58 号の浜川交差点を左折し、2 つ目の信号を右折。
150m ほど直進すると、左側にある。県営砂辺団地近く。

かかる時間も短縮することができるため、まさに一石二鳥なのである。

　メインコンピューターで釜の中の様子を確認しながら、約二十六時間加熱し、塩が採取され、遠心分離機に運ばれる。水分と分離されたさらさらとした雪のような真っ白な塩が舞い落ち、コンテナの中に降り積もる。この間、ほとんど人は工場内には立ち入らない。

オートメーション化された工場内。この立釜で製塩される

　最後の工程である袋詰めもオートメーション化されているのかと思いきや、意外なことに、ここだけは人の手を使って行われている。その理由を尋ねると、棚原氏はこう語った。

「機械を使えば重さや金属などの異物混入は防げるけれど、やっぱり塩の状態を見極めたりするのは人間にしかできません。だから、非効率的かもしれませんが、袋詰めだけは人に任せています」

　塩を袋詰めしている女性は、「ぜひみんなに使ってほしい。だってこの塩、安くて美味しいんだもの」と誇らしげだ。オートメーション化でコスト削減というと味気ない感じがするようだが、作り手たちの「おいしい塩を安く作って、みんなにもっと食べてほしい」という想いがしっかり込められている塩なのだ。

　また、品質の安定した塩を大量生産することができる利点もある。塩の販路として、加工食品メーカーへの原料としての供給があるのだが、自然塩は品質が安定しにくいため、大量に同じ味のものを生産したいメーカーは採用をためらうことがある。その点「北谷の塩」は、こういった品質の安定性が求められる販路での拡大が、大いに期待できる自然塩と言えるだろう。

周囲の環境に配慮したエコな塩作りを

　このほか、同社の塩作りにはもう一つ特徴がある。それは、周辺環境に配慮した塩作りであるという点だ。通常の製法では、塩を釜で炊いている時に出る水蒸気には、ある程度の塩分が含まれているため、水蒸気を排気するための煙突はもちろん、周辺にある鉄やステンレスなどを錆びさせてしまうなどの塩害が発生する。住宅街に位置する同社では、隣接する民家への塩害を防ぐために、「バロメタリックコンデンサー」という装置を導入している。塩分を含んだ水蒸気を井戸水を使って急速に冷却する装置で、こうすることで蒸気が水の状態に戻り、周辺に拡散することなく排出することができるのである。これにより、住宅街の中に製塩所を作ることに成功したのだ。

「今は環境への配慮も求められる時代です。コスト削減で価格を抑えるのはもちろんですが、これからも継続してエコに配慮した塩作りに取り組んでいきたいと思います」

住宅街の中でも製塩ができる。なんとも新しい製塩所の在り方だ。

関連製品の開発も盛んだ。塩麹も県内でいち早く開発した

生産者情報　沖縄北谷自然海塩株式会社

「塩職人　棚原 潤也 氏」

「ちゃたんの塩」づくりは、すべてこの人の指先にかかっている。照れながらも丁寧に塩づくりについて語ってくれる姿は、誠実そのものだ。現在はもう１人の塩職人と２人で交代しながら生産している。

【北谷の塩】

【原材料】海水（100%・沖縄）　**【添加物】**なし
【色】純白　**【工程】**逆浸透膜、立釜　**【形状】**立方体

●栄養成分（100g 中）

ナトリウム	37.07g
カルシウム	450mg
マグネシウム	140mg
カリウム	69mg

●おすすめの食材・メニュー
・漬物、塩麹など発酵食品
・乳製品
・トマト等の酸味のある野菜

●味覚チャート

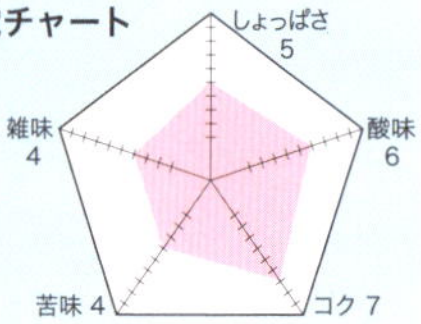

●味わい
全体的にまるみがあって女性的な味わいの塩で、乳製品のような軽い酸味を感じます。ほのかに苦味があるが、ふっと感じてすぐに消える。しょっぱみや酸味・苦味が早く消えるのですっきりとした印象だが、甘味（コク）の余韻が長く、舌の上に長い時間甘さが残る。

おすすめレシピ

手づくり塩麹

No.4

人気の調味料もまろやかに

大さじ1杯
20kcal

手づくり塩麹×北谷の塩

特徴

北谷の塩のミルキーな甘味が、塩麹の糖化した甘味とぴったり。まろやかで優しい味わいの塩麹に仕上がる。

材料　（4人分）

乾燥米麹…100g
北谷の塩…30g
水…適宜

作り方

①保存容器に乾燥米麹と「ちゃたんの塩」を入れ、ほぐして混ぜる。
② ①にひたひたになる程度に水を加え、塩が全部溶けるようにしっかり混ぜ込む。
③翌日、再びひたひたになるまで水を足してかき混ぜる。
④常温で保存しながら、1週間、1日1回かき混ぜる。
⑤米粒が崩れるほど柔らかくなり甘い香りがしたらできあがり。

ポイント

＊卵焼きにいれたり、スープのだし代わりに使ったりの万能調味料。
＊腐敗した場合はすっぱい香りやアルコールの香りがする。その場合は食用には適さないので、マッサージなどに。

●有限会社ティーダ・サイエンス／あっちゃんの紅塩

母なる海に感謝を込めて

美ら海水族館で有名な海洋博記念公園のほど近く、本部町備瀬には透明度の高いエメラルドビーチがあり、天気の良い日にははっと息をのむほどの美しい海が目の前に広がる。その海沿いには、かの蔡温が風水に基づいて配置したというフクギが整然と並んでおり、海と緑に囲まれた自然豊かな土地でもある。ここで製塩を行うのが、こだわりの塩職人・松村敦氏の有限会社ティーダ・サイエンスだ。

自然の恵みを活かした仕事がしたい

約百年もの間続いた塩の専売制度の廃止が決定されたのは一九九七年のことである。そして、八年間の規制緩和措置を経て完全に自由化されたのが二〇〇五年一月。名護市出身の松村敦氏は当時、電気系の企業に勤めるサラリーマンだった。サラリーマンを続けながらも、松村氏の心の中には「いつか沖縄の自然を活かした職業に就きたい。健康に寄与する仕事がしたい」という想いがあった。塩は自然の恵みの結晶であり、生命の起源でもある。松村氏の想いの高まりと塩の専売制度の終焉が重なったことは、まさに運命の出会いと言えるのかもしれない。

まだ在職中ではあったが、二〇〇二年にはかねてから心に温めていた「ティーダ・サイエンス（太陽・化学）」という社名で法人化。翌年には退職し、二〇〇四年から塩づくりに向けて本格的に準備を開始した。この頃、妻の章子さんとも入籍し、最良のパートナーも得た。塩の市場が完全自由化され、自然塩に対する消費者の需要も増え、すべては前途洋々に見えた。しかし、ここから数年の間、松村氏にとって苦難の時が訪れる。

困難な土地選び・周囲の理解

松村氏が最初に製塩所の建設を検討したのが、手つかずの自然が多く残る西表島だった。建設に先駆けて住民に対して説明会を行い、感触も良好、さっそくプレハブなど建設に必要な資材を手配し、船便でコンテナごと輸送した。建設に着手しようとしたまさにその時、予想外のことが起こる。突如、住民からの反対の声があがり始めたのだ。周囲の雰囲気もあってか、説明会では賛成だったはずの人までも反対し始めた。しばらくの間は説得を試みたが、「無理強いをしても仕方ない。きっと『ここではない』ということなんだ」と気持ちを切り替え、搬入した資材はそっくりそのまま沖縄本島に送り返した。これは、当時すでに退職していた松村氏にとって、経済的にも精神的にもかなりの痛手であったことは言うまでもない。

　そして二〇〇五年一月、土地探しを再スタートさせた。特に手つかずの自然が多く、海の美しさが際立つ北部地域（やんばる）を模索したが、海岸沿いは本土の大手リゾートホテルが購入済み、昔からの地主は、新参者であった松村氏にはなかなか土地を売ってくれなかった。そんな中、ずっと現れるように巡り合ったのが、備瀬の土地であった。松村氏はこう語る。

「実はこの裏には大きな拝所があって、地元の人は『なんでここを買ったかね』と言う。でも僕は、ここは拝所のすぐそばだからこそ、守られているような、そんな気がするんです。塩も神聖なものだし、拝所も神聖なものだから。それに、目の前の海は干潮時にはイノー（礁池＝サンゴに囲まれた浅瀬）になるので海水の濃度も濃いし、赤土も

美しい海から取水。とろみがあるように見えるほど濃い海水

●有限会社ティーダ・サイエンスのご案内
代表取締役：松村敦
住所：沖縄県国頭郡本部町備瀬 1779 番 1 号
電話：0980-51-7555
FAX：0980-51-7557
見学：可。製塩体験受付中。できあがった塩はその場で持ち帰ることができる。
URL　http://www.achan-sio.jp/

●アクセス
【車】那覇空港から沖縄自動車道で約 2 時間半。国営海洋博記念公園を目印に中央ゲートより約 1.8km 進んだ右手。ピンクと白ののぼりが目印。
【バス】県道 114 号高良原バス停前

流れ出ない。潮の流れも速く透明度も高い。塩作りには理想的な場所なんです。『ここで作れ』ってことなんだと思いました。」

こうして製塩所はできた。しかし、製塩を開始してからも、こんな苦労があったという。

「最初は海水を取水するのも、堂々とはできなくて。かなり遠くまで行って取水していました。製塩を始めて二年くらいしてからかな、地元の人が『もっと近い場所（良い場所）で汲んだら』と声をかけてくれた。なにか新しいことが始まる時、それを認めてもらうには時間がかかる。それはいいとか悪いとかではなく、そういうものだと思う」

賛成だったはずの住民から反対された時、端っこのほうでしか取水できなかった時、松村氏は非常に苦境に立たされていたはずだ。しかし、そんなことは微塵も感じさせない澄んだ瞳の奥に、塩づくりに対する熱い想いを感じずにはいられなかった。そうして製塩を始めて三年が経つ頃になると、自分の理想に近い塩ができるようになった。

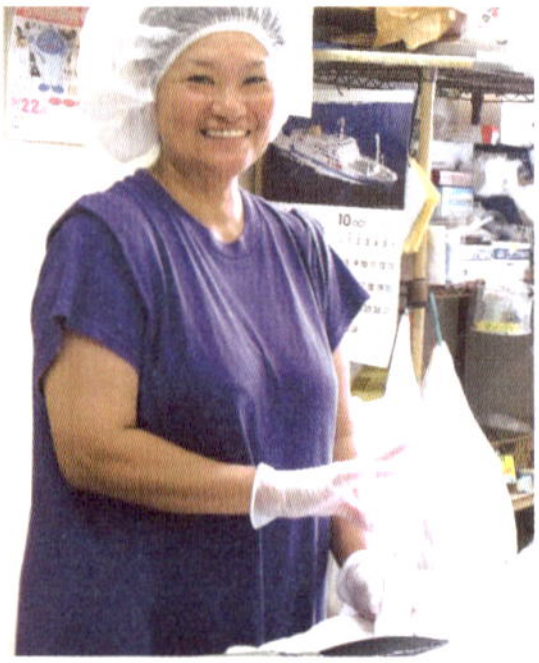

袋詰めは妻の章子さんの担当。ほとんど誤差のない熟練の技だ

使うのは満潮時の海水のみ

「地球上の生命は母なる海に見守られて育まれてきた。その自然の恵みをいただく塩づくりは、自然に感謝し、自然のサイクルに従うことが大切」

これが松村氏の考える理想の塩作りだ。そのため、原料として使うのは海がもっとも元気になる満潮時の海水のみ。雨の日は海が薄まるので取水しない。一回に約二トン汲み上げ、三基ある濃縮用の平釜へと移す。その際も、一滴の海水も無駄にはしないという気持ちで、タンクの中から海水を搾り出す。濃縮から結晶まで約三十二時間を費やすが、釜をかき混ぜる手つきも、塩を慈しみ撫でているようだ。さらに、結晶を収穫する時に容器の外にこぼれ落ちた塩を肩にひょいっと乗せ、「落としてしまって申し訳ないと思って、塩に謝ってから肩に乗せることにしているんです」と。脱帽であった。

もちろん感謝の気持ちだけに支えられた塩作りではない。現在の製塩方法にたどり着くまでに、製法や使う道具、加熱する時間など、様々な工夫を凝らしながら変化してきた。どうしたら理想の塩が作れるのか、また、理想の塩ができた時には、どうしたらまた再現できるのか、常に試行錯誤を繰り返し、現在も進化し続けている。

世界中の人に自然の恵みを届けたい

製塩を開始してから二〇一三年で九年目。製塩以外にも、体験学習を受け入れたり、塩アイスを開発したり、成長を続けている。月に約八百キロ生産される塩は白・紅で二種類あり、特に紅芋のポリフェノールで染めた「あっちゃんの紅塩」が人気だ。両方とも、県内の土産品店や道の駅を中心に流通し、美ら海水族館限定の土産品としても採用されている。

今後の夢について松村氏はこう語る。「海水は地球上を循環しているから、備瀬で汲む海水も世界のどこかを通ってきたもの。だから備瀬で作った塩は世界中のみんなのもの。地球全体で育んだ自然の恵みの結晶を世界中の人たちに届けたい」

沖縄から県外・世界へ広がっていく時には、自然の恵みに対する感謝の気持ちも一緒に広がっていくことだろう。

生産者情報　有限会社ティーダ・サイエンス

代表取締役
松村 敦 氏

商品パッケージにもイラストが載っている優しい笑顔と大きな身体がトレードマーク。「紅塩ばかり注目されるけど、おすすめは『あっちゃんの塩』。ぜひ食べてみてほしい」と、自信とこだわりをのぞかせる。

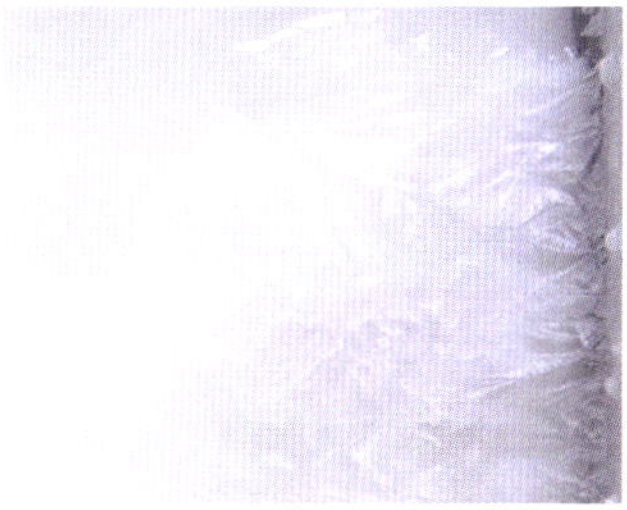

できたての「あっちゃんの塩」の結晶。この日は理想のできあがりだった

【あっちゃんの紅塩】 【原材料】海水（100%・沖縄）、紅芋　【添加物】クエン酸　【色】鮮やかなピンク色
【工程】平釜、平釜、混合　【形状】フレーク、凝集品の混合

●栄養成分（100g中）

ナトリウム	32.5g
カルシウム	1500mg
マグネシウム	315mg
カリウム	178mg

●おすすめの食材・メニュー
- 赤身の魚（カツオ・マグロ）
- とんかつなどの揚物
- 紅芋などのイモ類

●味覚チャート

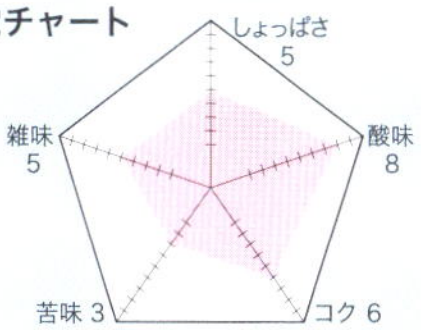

●味わい

封をあけるとふわっと甘い焼き芋のような香り。口に含むとレモンのようなさわやかな甘酸っぱさを感じる。塩の結晶が溶けるにつれ、優しく角がないしょっぱみが口の中に広がり、芋のほのかな甘みもふんわりと感じられる。最後にまたレモンのような酸味を感じるので、コクがあるのにキレがよい味わい。

おすすめレシピ

かつおの塩たたき サラダ仕立て

No.5

赤色を重ねた華やかな一品

1人分
120kcal

かつおの塩たたきサラダ仕立て×あっちゃんの紅塩

特徴

カツオの赤、塩の赤、トマトの赤と、食材の色を合わせた一品。食材の色と味の特徴を合わせることで、旨みが増す。いつものかつおがおしゃれな一品に早変わり！

材料（4人分）

かつおの刺身…1柵　　トマト…1個
あっちゃんの紅塩…少々
EX.バージンオリーブオイル…適宜

作り方

①かつおの刺身は厚さ1cmに切り分ける。
②粗いみじん切りにしたトマトと千切りにした大葉を混ぜ合わせる。
③ ①を皿に盛り、②をトッピングし、あっちゃんの紅塩をかけて、オリーブオイルをまわしかけたら出来上がり。

ポイント

＊マグロでもおいしくいただける。
＊お好みでブラックペッパーをかけても。

●株式会社塩田／屋我地マース

素晴らしい伝統を次世代へ

沖縄本島北部に位置し、羽地内海に浮かぶ周囲十六キロほどの屋我地島は、広大な干潟を中心に、高さ十メートルを超えるほどのオヒルギ（マングローブの一種）が生い茂り、珍しい渡り鳥やアジサシなどの希少な生物が生息する、自然豊かな場所だ。また、今帰仁村湧川の下我部にあるスーヤーの御嶽は製塩の始まりの地と伝えられ、沖縄の塩の聖地ともいえる場所である。

父の想いを引き継いで

戦前までは沖縄の三大製塩地の一つとして、広大な塩田で生産された塩が沖縄中に流通していたが、戦後の製塩技術の発展や効率化の流れ、専売制度の導入によって塩田を使った製塩は長らく途絶えていた。

その昔ながらの入浜式塩田を復活させたのが、この「屋我地マース」である。

入浜式塩田製法では、まず広大な塩田を整地して、その外側に溝を掘り、水門から海水を流し入れる。毛細管現象により塩田表面まで吸い上げられた海水が、日光と風で砂に付着しながら結晶するので、その砂を集めて海水をかけてろ過し、釜で炊いて結晶させる。

主に濃縮工程を屋外で行うため、天候に大きく影響され、海水を塩田で濃縮している最中に雨が降ったら、また最初からやり直しになってしまう。

年間日照時間が短く、カタブイ（通り雨）や、台風の襲来も多い沖縄で行うのは、実は大変な労力と根気が必要な製法だ。さらに、夏の焦げ付くような直射日光の下での作業は、ほんの少し体験しただけでも汗がだらだら、器具も砂も重くてフラフラになってしまう。

塩職人の金城薫さんに、そんな中でどうして塩田復活に取り組んだのか理由を尋ねた。

「自分が小さい頃は塩田が身近にあって、父もそこで働いていた。でも専売制度が始まって、機械で作った安い塩が流通するようになって、手間がかかる塩田が消えて、昔ながらの真塩（マース）がなくなってしまった。このままじゃいけないと、もともとは自分の父が細々と復活させて、年に一回、名護の博物館が主催する塩田体験の時だけやっていたんだけど、父も歳を取ったし、このままではまた塩田がなくなってしまう。この素晴らしい伝統を途絶えさせないためには自分が引き継がなくては、と思った」

きれいに整地された塩田。ここまでにするのに最初は２か月かかったそう

今から五年ほど前に、その想いに共感してくれる地元の同級生たちを集め、名護市の観光協会や博物館の協力も得ながら、塩田の完全復活を目指した活動を行ってきた。

昔ながらの塩を目指し試行錯誤

父から引き継いだ塩作りにかける熱い想いに、塩作りに燃える仲間たち。前途洋々と思われたが、しかし最初はなかなかうまくいかなかった。

「（塩作りには）詳しい文献があったわけでもなく、とにかく聞いたことをやってみた。最初は塩田も荒れてるもんだから、藻が繁殖して臭い塩ができてしまったり、釜炊きするのも火の加減がうまくいかなくて、細かくて辛い塩ができてしまったり。雨が降り始めたら弁当もほっぽりだして大騒ぎでビニールカバーをかけに走ったり。とに

●株式会社塩田のご案内
代表者：上地功
住所：沖縄県名護市我部 701
電話：0980-51-4030
FAX：なし
見学：可（できれば電話してから）
※体験希望の場合は要予約
通販：現在休止中
URL：http://www.enden.co.jp/index.html/
●アクセス
【車】沖縄自動車道許田 IC から約 45 分。屋我地島に入ると、道沿いに「屋我地マース」「塩田はこちら」と書いたのぼりや看板が立っていますが、初めての人はナビか地図は必携です。

かく試行錯誤を繰り返して、昔ながらのやり方を守りながら、一つ一つ改善してきたよ」

金城さんの目指す昔ながらの塩は、ざらっとした大きめの結晶で、塩かどが少ないまろやかな塩。

「急いで炊いたら細かくてしょっぱい塩になる。焦らないで、釜の中に塩の花（最初にできあがってくる結晶）が浮かんでくる感動の瞬間を待つのが大事」

父の仕事を引き継いで約五年、現在ではだいぶ理想に近い塩を作れるようになってきたという。

屋我地島だからできる塩

入浜式塩田は、約四百年ほど前に薩摩から琉球に伝えられ、泊を経由して屋我地島にも伝播した。県外の入浜式塩田では通常、砂利の上に砂を敷いて作るのだが、広大な干潟があった沖縄県では、干潟の上に砂を敷いた少し特殊な塩田が主流だった。

屋我地マースが作られている塩田は、昔の塩田跡を利用して、干潟の上に琉球石灰岩を敷きつめ、その上に屋我地島で採れる粘土質の砂を敷いて整地を行っている。琉球石灰岩を敷くことで、カルシウムやマグネシウムなどのミネラルが塩田の海水中に溶け込み、よりナトリウム以外のミネラルが多い塩を作りだすことができる。また、この粘土質の砂が大きなポイントで、砂に海水を撒いた際に、さらさらの砂に比べてより多くの塩をくっつけてくれるそうだ。

もっと多くの人に伝えたい

金城さんの塩づくりに対する情熱は燃え上がるばかり。

「もっと多くの人に屋我地島の入浜式塩田で作った本物の塩を食べてほしいし、もっと多くの人に塩田での塩作りを体験して、塩がどのように出来上がるものなのか、塩ってどんなものなのかを知ってほしい。今までずっと年に一回、博物館の主催で小学生を対象とした塩田体験を開催しているけれど、今後は観光客の人や沖縄の人にも

塩の結晶が付いた砂をかき集める作業。水分を含んだ砂が重い

どんどん来てほしい。釜炊きで塩の花がふわっと浮いてくる、あの瞬間の感動を味わってほしい」

沖縄だけでなく、日本各地を見渡しても、実際に製塩が行われている入浜式塩田で製塩体験をできる場所はほとんどない。塩作りの現場を体験し、塩を知り、塩に対する意識が変わることで、食全般に対する意識もまた変わってくるだろう。多くの人にぜひ、足を運んでほしい。

「屋我地マース」の結晶。ほんのりと灰色に色づいている。

生産者情報　**株式会社塩田**

塩職人
金城 薫 氏

1960年頃に途絶えてしまった入浜式塩田を復活させるべく、志を同じくする地元の同級生が集まって活動しています。みなさん照れ屋ですが、塩作りの話になると熱く語ります！

【屋我地マース】

【原材料】海水（沖縄県100%）　**【添加物】**なし
【色】白〜薄い灰色　**【工程】**天日、平釜　**【形状】**凝集晶

●栄養成分（100g中）

ナトリウム	32.0g
カルシウム	315mg
マグネシウム	513mg
カリウム	150mg

●おすすめの食材・メニュー

・イラブチャーやクルキンマチなどの白身の魚
・イカ　・白菜

●味覚チャート

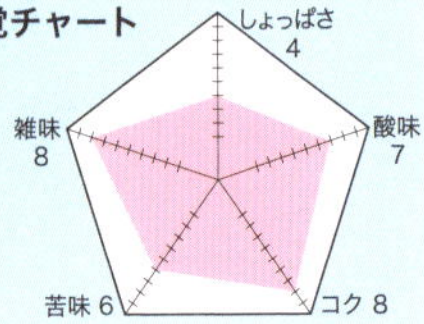

●味わい

まるで和風のだしを口に含んだような旨味の強い味わい。
余韻も長く口の中に残る。
海の香りがするので、主に魚介類におすすめ。

おすすめレシピ

アクアパッツァ

No.6

海の恵みのおもてなし料理

アクアパッツァ×屋我地マース

特徴

だしのような旨みを持つ屋我地マースの旨みで、塩だけで十分おいしくなる。簡単なのにおもてなしにも使える華やかな一品。

材料（4人分）

鯛などの白身魚…4～5切　小麦粉…適量
プチトマト…8個　あさり…20粒
オリーブオイル…大さじ1　水…100cc
白ワイン…50cc　塩…小さじ1+1/2
ブラックペッパー…適宜　パセリ…適宜

作り方

①白身魚に塩（分量外）を振り、10分ほど置いたあと、水気をしっかり拭き取り、小麦粉をはたいておく。
②フライパンにオリーブオイルを熱し、白身魚を皮目から入れて、中火で焼き色がつくまで焼く。
③白ワインを回しかけて香りをつけたら、水・あさり・ミニトマト・塩を加えて蓋をして5分ほど煮る。あさりの口が開いたらお皿に盛って、ブラックペッパー、ちぎったパセリをふりかけてできあがり。

ポイント

＊火を通しすぎると魚の身が固くなるので注意。
＊フレッシュパセリがなければ乾燥パセリでも。

1人分
275kcal

●株式会社沖縄ベルク／屋我地島の塩

目指すは一大ソルトリゾート

かつては沖縄の三大製塩地の一つとして広大な塩田が広がっていた屋我地島。現在では二つの製塩所が競って製塩を行っており、どちらも特徴的な塩作りで島への誘客に一役買っている。そのうちの一つがここ㈱沖縄ベルクだ。製塩所の目の前に広がる美しい遠浅の済井出ビーチの管理・運営も担いながら、ここ屋我地島を一大〝ソルトビーチリゾート〟にすべく、塩作りに奮闘中だ。

天の声に導かれて

そもそも㈱ベルクは、塩作りをメインにする会社ではない。一九八五年創立の大阪府に本社を置く会社であり、メインの事業は不動産売買や建設・リゾート会員権など各種会員権の取り扱いだ。沖縄県へは創立後数年して進出し沖縄営業所を作り、今でも沖縄県北部の不動産を取り扱っている。この、塩作りとはまったくの畑違いの不動産会社が、どうして塩作りを始めたのか。その始まりは、当時の沖縄営業所を任された長山一則氏にあった。

長山氏は、とにかく発想豊かで行動力のあるアイデアマン。その胸にはずっと「沖縄に貢献したい」「色んな発明をしてみんなの役に立ちたい」という気持ちが燃えており、名護市の市議会員に立候補したこともあるほどの熱い男だ。一九九二年には㈱アロエースという沖縄県産の健康食品を製造・小売する企業を立ち上げ、自社のアロエ畑を保有し、アロエを中心とした健康食品や化粧品の研究開発を行ってきた。

そんな長山氏が塩作りを決意したのには不思議なきっかけがあった。塩の専売制度の解禁も間近となったある日、ドライブ中に急に気分が悪くなった。しばらく車を停めて休んでいるうちに、ふと頭に「下我部に行きなさい」という声が降りてきたのだという。よくわからないままに向かってみると、そこにあったのは沖縄の製塩の始まりの地と言い伝えられている「スーヤーの御嶽」だった。車を降りて御嶽の前に立ったその時、具合が悪かったのがすーっと消え、ふっと「ああ、これは塩を作れという天啓なんだ」と合点がいったのだという。

そこからは行動派の長山氏の独壇場。あれよあれよという間に済井出ビーチの入口に手造りの製塩所ができあがり、ここで㈱沖縄ベルクの塩作りが始まることとなった。

なんとも不思議な話である。

伝統＋工夫＝新しい塩

「屋我地島の塩」の色は変わっている。時に「赤」、時に「ピンク」、時に「褐色」とも表現される色だ。その色の秘密は、海水を炊く時に使う鉄製の釜にある。じっくりと時間をかけてタイミングよくかき混ぜながら炊くことで、鉄釜の鉄イオンと海水中の鉄イオンが化学変化を起こし、塩が色づくのだ。

「生産量を多くしようと、薪をたくさんいれて火力をあげて炊いたりすると、この色にはならずに白い塩ができてしまうんです。急いだらだめ、ゆっくりゆっくり炊いてやっとこの色になります」

自社で管理もしている済井出ビーチから海水を取水し、十日間ほどかけて太陽と風の力で濃縮し、それから釜に入れて、じっくりじっくり炊き上げていく。塩の結晶を採取してからも、温室内で干してにがりを切りながら、毎日丁寧にかき混ぜる。こうすることで、間に空気をたくさん含んだ、ふっくらと柔らかい塩ができあがる。その証拠に、塩の入っ

乾燥室の中では毎日かき混ぜてふわふわに仕上げる

●株式会社沖縄ベルクのご案内
塩職人：町田宗太郎
住所：沖縄県名護市済井出 473 番地（屋我地島／済井出ビーチ）
電話：0980-52-6012
FAX：0980-52-4325
見学：可。無料でガイドもしてくれる。
URL：-
●アクセス
【バス】名護バスターミナルより運天原行きの屋我地線（系統番号 72 番）が 1 日数往復。

【車】那覇空港から高速道路を使って約 2 時間、恩納村から約 1 時間、名護市街から 40 分

た桶に手を入れると、腕の根元までズボッと埋まってしまうのだ。

これらの製法は、屋我地島で約五十年前まで伝統的に行われていた製塩方法（入浜式塩田）とは異なるし、鉄釜を使うというのは他ではほぼ類を見ないやり方だ。この独特の製法を編み出した長岡氏はこう語る。

「伝統製法の復活ももちろん大切です。ただ、そこに現代の知恵を加えることで、なにか新しくて、もっと身体によいものができるんじゃないかと思った。ふと〝鉄理論〟に基づいて鉄釜を使うことを思いつき、鉄釜で海水を炊いてみました。釜が割れたり、さびたり、思うようにはいかない日々が続きましたが、ああでもないこうでもないと試行錯誤した結果、鉄釜と海水中の鉄が化学反応を起こして色がつくようになったんです。自分の理論が正しかったのだと感じました」

鉄釜で煮詰めていく。部屋はまるでミストサウナだ。

貴重な若手塩職人

最近では、初代塩職人の長岡氏は同社の健康食品事業を中心に従事するようになった。そのあとを引き継いで、現在済井出ビーチで塩作りを任されているのが、濱田氏と町田氏の二人の職人だ。特に町田氏は弱冠二十六歳、塩づくり歴二年と若い。最初は右も左もわからず戸惑ったらしいが、しかしそこは任されたことはきっちりやる性格。毎日真剣に塩作りをするうちに、どんどん塩作りの楽しさにのめり込んでいった。今でも、先輩の濱田氏と一緒に試行錯誤を繰り返しながら、最良の塩を目指して研鑽を重ねている。

「塩作りはとても奥深いです。これからもずっと作り続けます。いろいろと試行錯誤しながら、いろんな『屋我地島の塩シリーズ』を作っていきたいです」

どの業界でもそうなのかもしれないが、「昔ながらの製法」や「手作り」にこだわればこだわるほど重労働で肉体的に厳しく、それなのに大きく儲かるわけではない。そして、そんな製塩業に従事しようという若者は、やはり多くはない。町田氏のような若手塩職人の存在は、沖縄の塩業界にとってとても貴重なのである。

塩をテーマに観光客を誘致

屋我地島は、夏になればキャンプ場やビーチアクティビティができるス

観光客が来れば丁寧に説明しながらガイドもこなす。

ポットとして人気だ。さらに観光地として人気の高い古宇利島に行く際の経由の島となるため、週末ともなれば製塩所に見学に訪れる観光客も多い。しかし、まだ「古宇利島の観光の帰りにふらりと立ち寄ってみた」というレベルで、「製塩所見学を目的として来訪する」というところまではいっていないのが現状だ。

そこで今後は、もともと不動産業である強みを活かし、この済井出ビーチに「塩」をテーマにした〝ソルトビーチリゾート〟を建設し、「屋我地島を目的とした観光客」を誘致する予定だ。それも、複数の企業で協力しあって、みんなの良いところを出し合って、全体として島を盛り上げるのが目標だという。塩が島の活性化につながる、この事業に期待大だ。

生産者情報　株式会社沖縄ベルク

塩職人

「町田宗太郎氏」

製塩所で働く若手職人。塩づくりに携わってまだ２年、毎日が試行錯誤だ。塩作りをしながら、訪問した観光客へのガイドもこなす、笑顔の素敵な好青年。

【屋我地島の塩】

【原材料】海水（100%・沖縄）　**【添加物】**なし
【色】茶色　**【工程】**天日、平釜　**【形状】**凝集晶

●栄養成分（100g 中）

ナトリウム	34g
カルシウム	270mg
マグネシウム	650mg
カリウム	220mg
鉄	4.4mg

●おすすめの食材・メニュー
・牛肉で特に脂肪の多い部位
・カツオやマグロなどの赤身の魚
・レバーや砂肝などの内臓

●味覚チャート

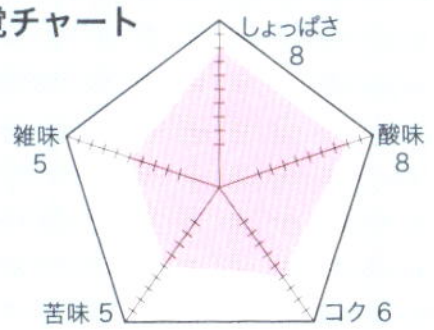

●味わい
しっかりとした骨太なしょっぱみに、鉄由来の酸味が感じられる。キレもよく、油を多く使うメニューに合わせるとさっぱりと仕上げてくれる。赤身の肉に含まれる鉄分の酸味と塩の酸味が同化して旨味がぐっと増す。

おすすめレシピ

ローストビーフ

No.7

肉汁あふれるジューシーな仕上がり

1人分
241kcal

ローストビーフ×屋我地島の塩

特徴

赤身の肉には鉄分が多いため、同じく鉄分を多く含む屋我地島の塩がぴったり！シンプルだからこそ、塩で味が変わる。

材料　（4人分）

牛もも塊肉…500g
屋我地島の塩…10g（肉の重量の2%）
ブラックペッパー…適宜

作り方

①オーブンを200℃に温めておく。
②牛肉に塩とブラックペッパーをすり込んで、型崩れを防ぐためにタコ糸で縛る。
③フライパンにサラダ油を熱し、①の表面にしっかり焼き色をつける。
④オーブンに入れて10分焼いたら、熱いうちにアルミホイルに包んで放置しておく。
⑤粗熱が取れたら、薄くスライスしてできあがり。

ポイント

＊焼きたてすぐを切り分けると肉汁が流れ出てしまうので冷めてから切る。
＊ブラックペッパーは粗挽きタイプがおすすめ。

コラム
塩の雑学

塩の熟成について

科学的な根拠はないが、「塩を長期間寝かせると味や食感が変わる」という事実は存在する。一般の人が舐めたとしても、はっきりと感じる味の違いが存在するのである。

結晶を採取したばかりの塩は、にがりを多くまとっていて非常に苦味が強い。味もとげとげしく食感もザリザリとしていて、口の中に刺さるような印象だ。しかしザルなどにあげて数日ほど置くと、にがりが切れて苦味が弱くなり、その分適度なしょっぱみとコクを感じるようになる。しかしまだ少し尖った印象だ。

そこからさらに置いておくと、徐々に角が取れて丸くなる。寝かせる期間が数年にも及べば、結晶の形も変化し、食感も味も大きく異なってくるのである。寝かせれば寝かせるほど塩の角が取れて味が「丸く」なり、「コクが強く」なる。

「熟成」とは、酵素などの力によって食品に旨みや風味を出したり食感を変化させて品質を向上させることを指すが、そういった意味ではこれも一つの「熟成」と言えるのではないだろうか。

味の好みや目的があるので、「熟成塩」が好ましいかどうかは時と場合によるが、これからは塩もワインのように「○○年産」「○年もの」というような世界になる可能性も秘めているのだ。

塩の活用法

塩が湿気てしまったら…

塩が湿気てダマになると使いづらいですよね。塩に含まれるミネラルが空気中の水分を吸着して結晶が溶け、再び乾燥して固まることで塊になってしまうのです。

フライパンで乾煎りして水分を飛ばすのももちろんＯＫですが、塩って美容にも使えるのをご存知ですか？

角質オフ！のマッサージソルト

小鼻の黒ずみやくすみが取れて、肌がワントーン明るくなります。

❶湿気た塩に徐々に水を足しながらよくかき混ぜて溶かします。❷ペースト状になったらＯＫ。❸マッサージしたい部分に乗せて、軽く円を描くようにします。水分が飛んでザラザラしてきたら終了の目安。

※やりすぎは肌を傷めるので、多くても週に一回。できればマグネシウムを多く含んだ、粒の細かい塩を使うと、より肌に優しいマッサージクリームができあがります。また、湯船に入れてももちろんＯＫ！　発汗を促してくれます。

❶

❷

❸

オリジナルシーズニング

お店に行くと、ハーブやスパイスがたくさん入ったシーズニングソルト（調味塩）がたくさん並んでいますね。塩そのものとは少し違うけれど、お皿を彩って食卓を華やかにしてくれます。

ベースに使う塩は、水分が少なく粒があまり大きすぎないものを選ぶと作りやすく、保存にも便利です。自宅にある材料でも簡単にできるので、ぜひチャレンジしてみてくださいね。

作り方

**シーズニング×焼いた塩
（カレー塩、スパイス塩、ゆず塩、ごま塩、抹茶塩）**

特徴
焼いて水分を飛ばした塩に、お好みのハーブやスパイスをブレンドして、オリジナルのシーズニングはいかが？

材料　好きな塩…各大さじ 1×5 種類
(A)カレー粉…小さじ 1
(B)乾燥バジル…小さじ 1/2
　乾燥オレガノ…小さじ 1/2
　ブラックペッパー…小さじ 1/2
(C)乾燥ゆず粉末…大さじ 1
(D)黒ごま…大さじ 1
(E)抹茶…大さじ 1

作り方
焼いた塩大さじ 1 に、それぞれの材料をブレンドする。

ポイント
＊塩は、フライパンで乾煎りをする。かき混ぜながら行い、焦がさないように注意する。冷めてから使う。

コラム
塩の雑学

おいしい 塩加減の秘訣

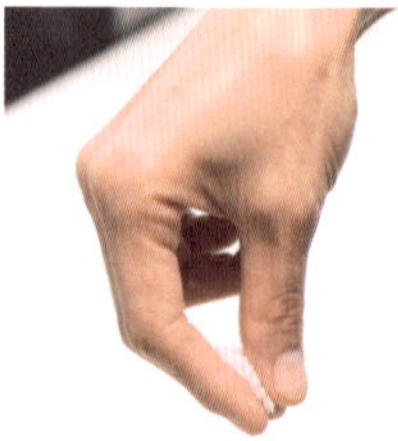

【ひとつまみ】
人差し指、中指、親指の
３本の指でつまむ

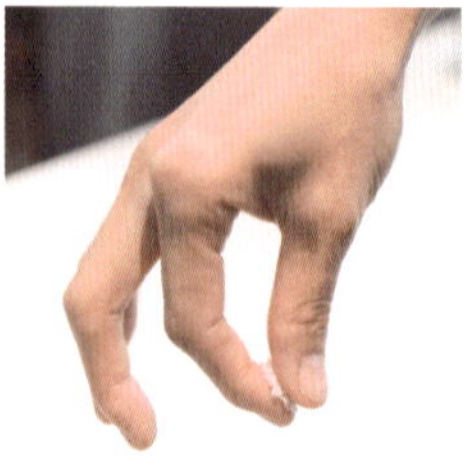

【少 々】
人差し指と親指の
２本の指でつまむ

●食材や調理法によって最適な塩を選ぶことも重要ですが、最適な塩加減を知ることも同じく重要です。

●人間が塩味をおいしいと感じるのは濃度0.5%〜３%と、とても狭い範囲です。基本は体液の平均濃度と同じ約1%になるようにしておけば、ほぼ失敗することはありません。

●そこに食材の特徴や目的に合わせて塩を加減していきます。浅漬けや濃い味の煮物なら２%、魚の塩焼きや保存効果を期待する塩漬けは３%ほどにすると、おいしく仕上がります。

●また、この塩加減で重要なのが「ひとつまみ」と「少々」。

●塩を変えると同じひとつまみでもグラム数が異なることがあります。新しい塩を使う時は、まず最初に自分のひとつまみがどのくらいの重さになるのか量ることをおすすめします。ひと工夫で、上手な塩加減をマスターしましょう。

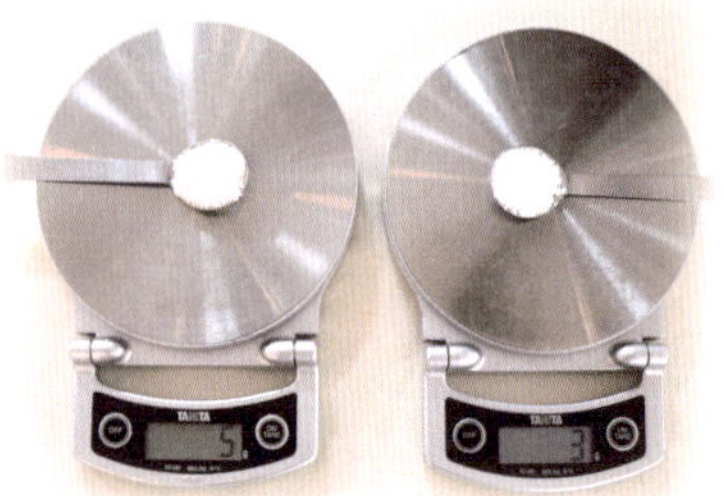

同じ小さじ1でも５グラムと3グラム。重さに違いが出る。

離 島 編

Isolated island

●伊江島製塩／荒波

伊江島の特産品を目指して

遠く船の上からでも、島のほぼ中央に位置する伊江島タッチュー（城山＝グスクヤマ）が目に飛び込んでくる。伊江ブルーとも称される美しい海に囲まれた伊江島は、季節になればゆりの花が咲き乱れ多くの観光客が訪れる。また、近年では島産さとうきびを使った〝イエラム〟や炭酸飲料〝イエソーダ〟などの開発も盛んだ。その〝イエソーダ〟に塩を提供しているのが、塩職人・千葉武夫氏だ。

伊江島にはなかったから

千葉氏は伊江島で「よしの屋」という居酒屋を経営し、自らキッチンに立って腕を振るっている。おいしくてリーズナブルでボリュームもあると、観光客だけでなく島の人にも人気だ。そしてそのほかにも、県外の有名菓子店からの依頼で冬場に黒糖作りも行っている。さらには、「よしの屋製菓」という名義で、塩せんべいなどのお菓子作りも行っている。これでもう手いっぱいではないのかと思うのだが、そんな中でどうして塩作りを始めることにしたのか尋ねると、あっけらかんとこう答えた。

「ほかの島はみんな塩を作ってたし、島の名産品になってるやつなんかもあったんだけど、なぜだか伊江島では誰も塩作りをやってなかった。おなじ沖縄なのに、伊江島だけに塩がないのは変だと思って、伊江島で塩を作ろうと村に話をもちかけたんだけど、結局『そんなの商売にならないんじゃないか』って言って、やる人がいなかったんで、自分でやることにしたんだ」

それが、千葉氏の塩づくりスタートのきっかけだった。当時六十歳を過ぎていた千葉氏は、この時点ではまだ塩づくりに関しては、まったくの素人の状態であった。

湧出の水にこだわる

塩を作ろうとは決めたものの、千葉氏は特にどこかの製塩所へ修行には行かなかった。独学で製塩法を学び、最初はごく小さな桶に海水を入れて幾度にも及ぶ実験を繰り返したのち、自分の目指すのは完全天日塩であることを知った。製法に改良を加えながら、製塩所に適した土地を探してるうちに、断崖絶壁の上で風のあたりがものすごく強いが、葉たばこの農薬の影響などを受けない場所を借りることができた。そしてほぼ自力で海水濃縮タワーと結晶ハウスを建設し、伊江島初の塩づくりがスタートしたのだ。

アイデアマンの千葉氏の製塩方法は工夫に富んでいる。海水を取水するのは、製塩所のちょうど真下に位置する「湧出（ワジー）」と呼ばれるスポットから。ここは、昔から慢性的な水不足に苦しんでいた島民が、琉球石灰岩を通って湧き出してくる淡水を汲みに来ていた貴重な場所だ。海水中に淡水が入るので塩分濃度はかなり薄まる。製塩の効率は悪くなるのだが、淡水には琉球石灰岩のミネラルが溶け込んでいるため、海水だけでは実現できないミネラルバランスの水が取水できる。千葉氏は効率は顧みず、ここの海水にこだわる。

さらに工夫は続く。お手製の濃縮タワーには岩盤浴などに使うゲルマニウム鉱石などを入れる。これは遠赤外線効果を狙ったものだ。さらに、塩を結晶させるために海水を入れておく結晶箱の中には黒い紙が敷いてある。これは熱効率がよくなることを見込んでの工夫だ。こういったことはすべて千葉氏が自分で試行錯誤しながら、苦心してたどり

取水場所の「湧出」。海水の中から淡水が湧き出ている

●伊江島製塩のご案内
塩職人：千葉武夫
住所：沖縄県国頭郡伊江村字東江上 3674 番地
電話：0980-49-5224
FAX：-
見学：可。いない場合もあるので来る前に連絡を。
URL：-

●アクセス
【船】本部港からカーフェリーで約 30 分。1 日 4 便。
【飛行機】要予約のチャーター便。那覇空港より約 30 分。

着いた製法なのだ。そうして取水から六十日近くかけて結晶した塩は、太陽と風の力だけでゆっくりと成長するために、結晶の粒が大きい。それを使いやすいようにと粉砕機にかけて細かくし、にがりを切って、やっと製品となる。

襲いかかる台風の猛威

二〇一二年に数度にわたって沖縄を襲った台風は、断崖絶壁に位置する伊江島製塩にも牙をむいた。製塩所をリニューアルした直後に一度目の台風が襲った。壊れた部分はすぐに直した。しかし、二度目の台風が来て半壊に。さすがにすぐには直せなかった。そうこうしているうちに三度目の台風が来た。嵐の去ったあと製塩所に向かった千葉氏の目の前に広がっていたのは、すべて跡形もなく吹き飛んで更地のようになった製塩所跡地だった。自力で作ったタワーも、塩ができあがっていた結晶小屋も、吹き飛んでなくなってしまった。呆然としつつも、付近に散乱していた破片はなんとか拾い集めたが、また一から立て直すのには相当のパワーや資金がいる。そしてもう黒糖作りのシーズンに入っていたこともあり、しばらくはそのままの状態を余儀なくされた。ゼロどころかマイナスの状態から、どうやって塩作りを再開するパワーを持つことができたのか。千葉氏はこう語る。

「がっかりしたよ。一番愛しているものを失ったわけだから。後継者もいないし正直辞めようかと思ったよ。でも、お土産でもらった人とか、買って帰った人が、美味しかったって言って電話で注文してくれたりするんだ。そんな人がいることが嬉しくて。一人一人に『塩やめますがいいですか』って電話するわけにもいかないし、たとえ聞いたとしても絶対『やめないでくれ』って言われるだろうし。だから、もう一回だけと思って」

リニューアルした海水濃縮装置。まだまだ改良中

わが子を慈しむように

取水から結晶になるまで六十日近くもかかる塩なのに、二百グラム六百三十円という価格設定が安すぎるのではないか。そんな疑問をつい口にした私に、千葉氏はこう言った。

「『金』『金』言って、儲けることばっかり考えて塩を作っていたら、苦い塩ができるんだよ。おいしい塩をみんなに食べてほしい、ただそれだけなんだから。俺は手伝うだけで、自然が勝手に育ててくれるよ」

　そうは言うものの、濃縮海水を結晶箱に入れたあとは、毎日、朝早くと夕方の二回は製塩所に来てゴミを取り除いたりして、様子を見ながら手をかけている。自然に逆らわず、決して急かすこともしない。ただただひたすら、塩が自然に育つ手助けをする。それはまるで我が子を慈しむ姿のようだ。

　製塩所の修理とリニューアルはまだまだこれからが本番。さらに今後は陶芸家の友人が敷地内に陶器の工房を作る予定もあるという。これからさらに伊江島の人気スポットになりそうで楽しみである。

綺麗に並べられた結晶箱。完成まで毎日塩の様子を見る

生産者情報　**伊江島製塩**

塩職人
「千葉 武夫 氏」

冗談好きだが、行動力と発想力に富み、ものづくりにはいたって真面目。荒波で歯磨きをしているおかげか、70歳を超えても歯は全部自前で、歯茎もしっかりしまっていて、素敵な笑顔をさらにパワーアップさせている。

【荒波】

【原材料】海水（100%・沖縄）　**【添加物】**なし
【色】純白　**【工程】**天日、天日　**【形状】**粉砕

●栄養成分（100g 中）

ナトリウム	35.4g
カルシウム	982mg
マグネシウム	209mg
カリウム	104mg

●おすすめの食材・メニュー
・ゴーヤーなどの苦味のある野菜
・揚物など油を使う料理
・脂の多い魚の塩焼き

●味覚チャート

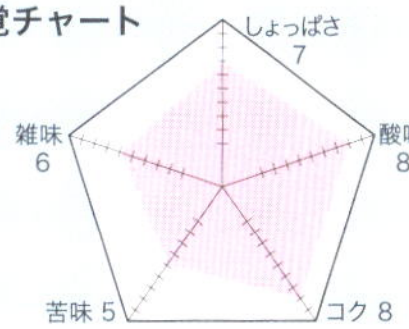

●味わい
力強くパンチのある男性的な味。コクが強く、味に厚みがある。しっかりしたしょっぱみがあり、完全天日塩に特徴的な酸味も併せ持つ。植物性の苦味を感じる。

おすすめレシピ

ゴーヤーチップス

No.8

苦さをかけあわせた大人味

全体
373 kcal

ゴーヤーチップス×荒波

特徴
荒波に含まれる苦味は植物性の苦味に近い。ゴーヤーの苦味と同化させて、さらにビールをあわせると…最高!!

材料　(4人分)
ゴーヤー…1本　　片栗粉…大さじ4
荒波…ひとつまみ

作り方
①ゴーヤーは両端を切り落とし、ワタをくり抜いて、厚さ1mmにスライスして水にさらす。
② ①の水気をよく拭き取り、片栗粉をまんべんなくまぶして、170℃に熱した油でカラッとするまで揚げる。
③熱いうちに塩をふる。

ポイント
＊長芋やごぼうなどもおすすめ。

●㈱LOHAS沖縄／白銀の塩 厳選特上

手間暇かけて作りたい

日本最大取水量を誇る海洋深層水の研究所があり、海ぶどうや車海老の生産量が多いことで有名な久米島では、実は海洋深層水を使った塩作りも熱い。現在四つの製塩所がそれぞれ特徴のある塩を生み出している。その中でも、一風変わった製法を採用しているのが、㈱LOHAS沖縄が作り出す「白銀の塩（ナンジャマース）」だ。

清浄な海洋深層水を利用

まず海洋深層水について説明しよう。海洋深層水とは、太陽の光が届かない水深二百メートル以上の深さの海水のことだ。窒素などの栄養塩類が豊富に含まれているほか、深海のため光が届かないためにプランクトンも光合成できず、水温が低く、細菌も非常に少なく清浄であることが特徴だ。久米島では水深六百十二メートル地点から汲み上げており、海ぶどうや車海老の養殖・塩作り・水作りに役立っている。久米島で作られる塩はすべてのこの海洋深層水を利用して作られた塩だ。

同社が塩作りを始めたのは二〇〇三年。久米島に海洋深層水の研究所が設立されてから三年後のことだった。創設者の故郷でもあった久米島に、自社農場で育てた無農薬ハーブなどを使った健康食品を作るための工場を建てたことがきっかけだ。

塩作りを始めた当初は、海洋深層水ではなく表層水を取水し、一般的なステンレス製の平釜を使って塩を炊いていた。その頃はどちらかというと「にがり」を濃縮してできる「ミネラル液」が主目的であったが、「せっかく塩を作るなら、なにかもっと美味しくなるような工夫がしたい」という想いから、試行錯誤が始まったという。まずは使う原材料を表層水から海洋深層水に切り替えた。しかしそれだけでは納得のいく味にならない。その後、いろいろな製法を試しながらどんな製法が良いのか決めかねていたが、工場のスタッフが海産物の加工工場を見学した際に見つけたアイデアが元となり、二〇〇七年に新たな製塩方法が採用されることとなった。

他に類を見ない独創性

　直径一メートル五十センチ、高さ一メートルはある、大人もすっぽり入ってしまうほど大きな信楽焼の土釜は、いまでは同社の塩作りのシンボルとも言える。製塩室の中に、大きな釜が三つずらりと並ぶ姿は壮観だ。

　原材料となる海水を運んで来て、この土釜の中に入れる。この大きさの信楽焼きを直火で炊くと激しく収縮して割れてしまうため、螺旋状の蒸気管の中に高温の蒸気を通して海水に浸漬して沸騰させる方法を開発。これにより、他に類を見ない製塩方法が完成した。

　この製法にはメリットがある。まず、塩を炊くと釜にくっついて熱効率を悪くしたり、釜を傷める原因となって塩職人を困らせる「硫酸カルシウム」が釜にくっつかない。この製法では「硫酸カルシウム」はすべて蒸気管にくっつくため、製塩の途中でも熱効率が悪くなってきたら一度蒸気管を取り出して、高圧洗浄機で一気に落として掃除し、再び熱効率をあげて製塩することができる。また、土釜の遠赤外線効果のおかげか、ステンレス釜で炊くよりも塩の味が全体的にまろやかに仕上がるという。

　現在同社では三種類の塩を販売している。すべて前述の土釜で作り出すのだが、ポイ

巨大な信楽焼きの土釜。ここからこだわりの塩が生み出される

●株式会社 LOHAS沖縄のご案内
塩職人：新城剛
住所：沖縄県島尻郡久米島町字仲地 683
電話：098-896-7777
FAX：098-896-7850
見学：要予約。塩作り体験もできる（塩は持ち帰ることができます）
URL：http://www.lohas-okinawa.co.jp

●アクセス
【飛行機】那覇から JTA ／ RAC が 1 日 7 便、就航している。所要時間約 30 分。
【船】沖縄本島・泊港との往復便が 1 日 2 便。自動車も運べる。所要時間約 4 時間。

ぐつぐつ加熱中。タイミングと温度は職人技で調整

ントは加熱時間や温度の違いだ。

　最も加熱時間が短いのが「白銀の塩 厳選特上」と「白銀の塩 清澄」だ。ふるいでより分けて残った大きな粒が「厳選特上」となり、全体のほんの数%しか採取できない希少品だ。

　その次に加熱時間が長いのが「白銀の塩」。同じ原材料を使い、同じ釜で炊いて作っているのに、加熱時間と温度の違いで異なる塩が出来上がる。塩作りの面白いところだ。

　釜で炊いたあとは、遠赤外線で焙煎して水分を飛ばし、使いやすいように乾燥させる。一度に大量にやるとうまくいかないということで、一回に約二十キロ程度しかできない、手間のかかる作業だ。しかも、ほんの一分ずれただけでも出来上がりの味が変わってしまうので、慎重に、つきっきりで作業が行われるという。そうして、塩が出来上がっていく。

縁起のよい名前を

　沖縄生まれ・沖縄育ちの人なら、「ナンジャマース　クガニマース　カリーナムン　ヤイビーン　ウートートゥ　ヤナムンヤ　ウシヌキティ　ウタビミソーリ」（白銀の塩　黄金の塩は　縁起のよいものでございます。いやなものは追い払ってください）という祈りの言葉を聞いたことがあるのではないだろうか。この言葉の中にも登場する「ナンジャマース」は、沖縄の言葉で塩の美称語で、その意味は「白銀の塩」だ。塩には身体や場所を清め、不浄を払う力があると信じられてきたため、沖縄では昔から「カリーナムン（縁起のよいもの・おめでたいもの）」として、「クガニマース（黄金の塩）」と対で使われてきた。同社では、清浄な海洋深層水からできた真っ白な塩ということで、この「白銀の塩（ナンジャマース）」という名称を商品名として採用したそうだ。

　そのためだろうか、真偽のほどは定かではないが、私の知人がある宿に泊まった時に、嫌な雰囲気を感じて、ずんと身体が重くなった。その時にこの「白銀の塩」を握りしめて前述の言葉を口にしたら、すっと身体が軽くなったという。不思議な話だがどうやら「効果は抜群」のようだ。

手間暇をかけていきたい

「せっかく自然塩を作るのだから、手間暇かけて、丁寧にいい塩を作っていきたい。」

代表取締役の嵩元和江氏・塩づくりを任される新城氏はそう語る。前述した独創的な塩の製法にもそのポリシーが現れているが、ほかにも、同社で開発・販売しているハーブソルトに使われているハーブも自社農場で栽培したゴーヤーやクミスクチンなどの久米島産のものが使われているなど、随所にこだわりが伺える。

今後は、今生産している塩だけでなく、「海洋深層水を原料にした天日結晶塩」や「添加物を使わない低ナトリウム塩」を開発していく予定だという。海洋深層水を使った天日結晶塩は他に類がないし、添加物を使わない低ナトリウム塩もまだ事例が少ない。きっと面白い結果になるはずだ。

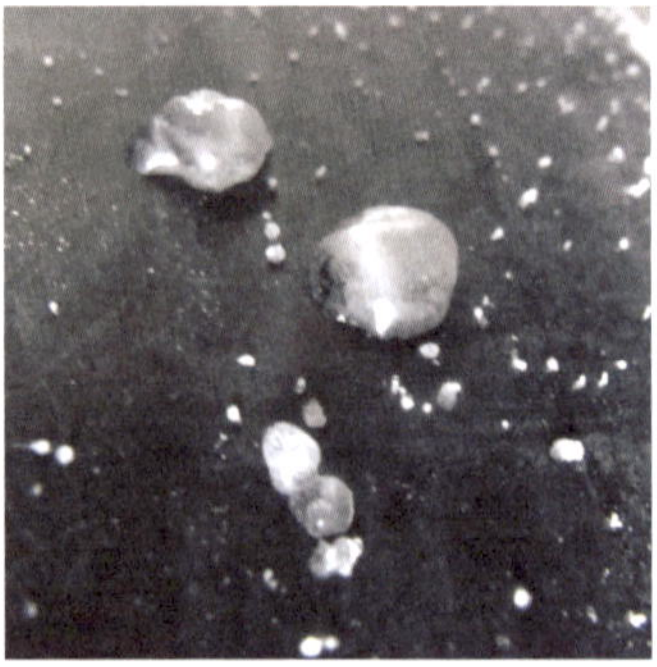

釜の表面に浮き出てきた塩の結晶。ウイスキーでいえば「天使の分け前」か。

生産者情報　**株式会社LOHAS沖縄**

「塩職人 **新城 剛** 氏」

沖縄本島で働いたあと、久米島にUターン。同社に入社し、塩作りを任される。真面目な人柄で、常によりおいしい塩を目指して試行錯誤を繰り返しながら、塩づくりと向き合っている。

【白銀の塩】

【原材料】 海水（100%・沖縄）　**【添加物】** なし
【色】 白　**【工程】** 逆浸透膜、平釜　**【形状】** 立方体

【栄養成分】（100g 中）

ナトリウム	- g
カルシウム	- mg
マグネシウム	- mg
カリウム	- mg

【おすすめの食材・メニュー】
- 鶏肉や豚肉など脂の香りの強い食材
- そのまま辛口の日本酒や泡盛のつまみに

【味覚チャート】

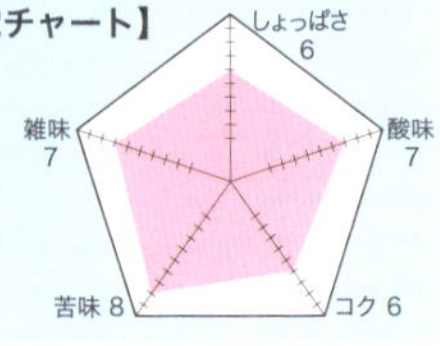

【味わい】
そのまま辛口の日本酒のつまみにもなりそうな、濃厚な旨みとすっきりとしたキレの良さを持った塩。脂っこい料理と合わせると、後口をさっぱりとさせてくれる。鶏肉特有の脂の香りを緩和してくれるので、臭み消しにもおすすめ。

おすすめレシピ

鶏むね肉の沖縄風天ぷら

No.9

塩の力であっさりいただける

1人分
517kcal

鶏むね肉の沖縄風天ぷら×白銀の塩 厳選特上

特徴

鶏肉の臭みを消したり、脂っこさを緩和するのが得意な白銀の塩の特徴を活かした一品。

材料（4人分）

鶏むね肉…2枚　小麦粉…1/2カップ　卵…1個
水…40cc　ベーキングパウダー…小さじ1/2
菜種油…適宜
白銀の塩　厳選特上…鶏肉の重量の1%

作り方

①鶏肉は一口大に切り分け、塩を揉み込んで10分ほど置く。
②①の水気を拭き取り小麦粉をまんべんなくまぶす。
③ボウルに小麦粉・卵・水・ベーキングパウダーを合わせてよく混ぜ、②をくぐらせて170°Cの油で表面がきつね色になるまで揚げたらできあがり。

ポイント

＊皮付きでも皮なしでもOK。
＊好みでさらに「白銀の塩 厳選特上」をまぶして。
＊鶏肉を常温に戻してから調理すると柔らかく仕上がる。

●株式会社沖縄海塩研究所／粟国の塩 釜炊き

生命の源としての塩作り

那覇の北西約六十キロに位置する、人口約八百人余りの離島・粟国島。この島で、長きにわたり自然塩作りを続けているのが、世界的にも高評価を受けている「粟国の塩 釜炊き」の生みの親、沖縄海塩研究所の小渡幸信氏である。本土復帰後の沖縄における自然塩復興運動に大きく貢献した小渡氏は、まさに「沖縄の自然塩作りの父」とも言える。そんな小渡氏の塩作りにかける想いとは、どのようなものなのだろうか。

「健康になりたい」という強い想い

小渡氏は、一九三七年にサイパンで生まれた。幼い頃から細身で病弱、針や灸などの治療を受けていたため、「健康のためにはなにが重要か」ということは、この頃から氏にとって重要なテーマであった。終戦後には日本に帰国し、米軍施設で二年ほど勤務したあと、タイル職人として厳しい修行を経て、独立。その技術は高く評価され、全国各地にひっぱりだこで活躍し、前途洋々に見えた。しかしそんな矢先、三十二歳の時にふたたび体調を崩してしまった。「なんとかして体質の改善をしなくては」と、すがるような気持ちでヨガ教室に通う中で、自然食品の重要性に触れ、人間の健康にとって食事が非常に重要であるということに気づいた。特に「水と空気と、身体にやさしい塩が必要である」と考えた。しかし、時はちょうど第四次塩業整備事業が実施された頃で、イオン交換膜を使った高純度ナトリウム塩が流通するようになっており、求めるような自然塩はなくなっていた。

そんな小渡氏に大きな転機が訪れたのは、一九七四年。マクロビオティックの研究を通じて、日本の自然塩復興運動の祖である故・谷克彦氏との出会いだ。

自然塩復興のために全国を駆け回っていた谷氏と小渡氏はすぐに意気投合し、沖縄本島・読谷村に土地を借りて、自然塩づくりの研究をスタート。なにもないところから、最初は一人だけで、のちに複数の有志を迎えて製塩キャンプを行うなど、活発に研究を続けた。その中で生まれたのが、現在の「粟国の塩 釜炊き」のシンボルとも言える「枝条架式塩田タワー」の元となる立体式の塩田であった。

谷氏はのちに伊豆大島に移り自然塩復興運動を継続し、「海の精」を設立。小渡氏はそのまま沖縄に残り、住まいを沖縄市から読谷村に移して、独自に研究を続けた。そうして一九九四年九月、海水汚染がなく風通しもよい粟国島に「沖縄食用海塩研究所」を設立。塩作りの研究を始めてから約二十年の歳月を経て、本格的に製塩を開始することとなった。ただ、当時はまだ専売制下にあったため、製塩した塩はすべて賛助会員への配布という形で提供され、製造・販売が認められたのは、一九九七年のことだった。

竹枝を使った海水濃縮タワー

「人にやさしい塩」を目指して

「健康になる塩を作りたい」という強い想いから始まった小渡氏の塩づくり。海水を取水し、太陽と風の力で濃縮して、平釜で炊いて結晶させるという工程は一般的だが、随所に小渡氏の想いが反映された特徴がある。

一つめは、すでに全国的に有名だが、一万五千本もの竹枝を使って組んだ高さ十メートルの海水濃縮タワーだ。穴の空いたコンクリートブロックに囲まれて二棟がそびえ立つ姿は、粟国島に向かう飛行機の上からも見ることができる。かつて沖縄では海水を直に釜に入れて煮詰め

●株式会社沖縄海塩研究所のご案内
塩職人：小渡幸信
住所：沖縄県島尻郡粟国村字東 8316
電話：098-988-2160
FAX：-
見学：可。体験用の揚浜式塩田も完備。事前に要連絡。
URL：http://www.okinawa-mineral.com/
●アクセス
【飛行機】RAC（琉球エアコミューター）のアイランダーと呼ばれるプロペラ機が毎日３往復。所要時間約 30 分。運がよければ操縦席の隣に座れる。
【船】毎日１往復。所要時間約２時間。設備の整った綺麗なフェリー。車やバイクを持ち込みたい方や交通費を廉価にしたい方はこちらがおすすめ。

平釜でじっくり炊き上げる

て濃縮する「海水直煮法」か、または塩田に海水を撒いて砂についた塩を採取し、それに海水をかけて濃縮海水を得る「入浜式塩田」という製法が一般的だった。

　小渡氏は谷氏との研究活動の中で、この立体的な塩田（枝条架式塩田）を開発し、その後独自に改良を重ねて、このタワーを完成させた。

　二つめは、工程の随所に竹を使っていることだ。既出の海水濃縮タワーを始め、にがりを切るための箱の底にも、塩を乾燥させる箱の底にも、竹が敷いてある。価格や入手の難易度、手入れにかかる手間の点から、特に濃縮工程においては最近では漁業用ネットを使う場合が多いが、小渡氏は「できる限り人体に無害な素材を使いたい」という想いから、わざわざ本島から取り寄せて竹枝を使い続けている。

　三つめは、塩ににがりを含ませる方法だ。小渡氏が目指しているのは「人の身体にやさしい塩」。それはつまり、海水中のミネラル（微量元素）をバランスよく含んでいる塩を指す。小渡氏は長年の研究で培った独自のノウハウで、塩ににがりを馴染ませていく。

　そうしてできた塩は

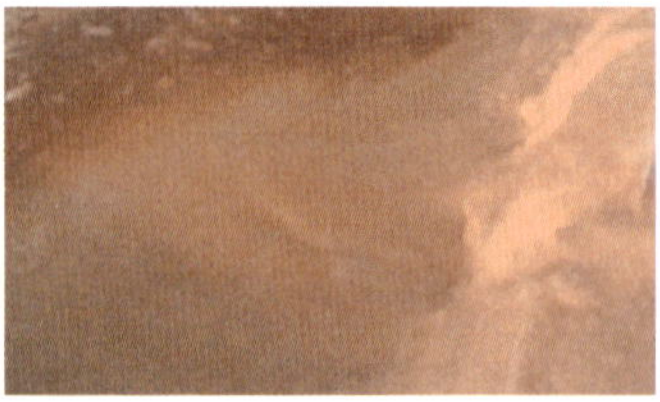

できあがったばかりの塩の結晶。にがりと馴染んでとろとろだ

とろみがあり、出来上がりは一見すると液状に見えるほど。これは、他の塩づくりではあまり見られない光景だ。そしてその塩を竹の上に置いて、自然に脱水をする。

　四つめは、安全な食品の供給を保証するために設けられた国際規格であるＩＳＯ２２０００を取得していることだ。これは、製塩企業としてはかなり画期的なことであった。

　食品偽装やＢＳＥ、鳥インフルエンザなど、食品安全に関する問題が頻発する中、消費者が安全・安心に製品を使うことができるようにという想いで、製塩所のスタッフ全員で勉強会を開催し、英語の辞書とにらめっこしながら書類を作り、様々な改善に取り組んだ結果、二〇一〇年に取得に至った。ここにも小渡氏の食に対する姿勢が現れている。

　こうして、小渡氏の塩作りにかける想いとその結晶である塩は、今では世界的に認められ高い評価を得ている。二〇〇四年には、イタリア・トリノで行われたテッラ・マードレ・スローフード生産者世界会議で講演を行い、二〇一〇年には「粟国の塩 釜炊き」が農林水産省の「世界が認める輸出有望食品四十選」に塩で唯一認定され、ニューヨークの塩専門店でも取り扱われるなど、沖縄の塩の中で、もっとも世界進出が目覚ましい塩でもある。

終わりなき塩の研究

塩づくりに携わって早四十年。現在では、小渡氏の想いに賛同する従業員十六名を雇用する、沖縄県を代表する製塩所となった。しかしその道のりは平坦ではなく、特に塩作りを巡る粟国村役場との確執は長きにわたり、新聞にも掲載されるなど、大きな問題となった。それでも塩作りを続けたのは、ひとえに小渡氏の探究心ゆえだ。

「私の作る塩が、人にとって、食にとって、役に立っているかというと、まだまだ足りないと感じる。やはりもう少し研究を続けていかないといけない。健康にとってどうあるべきか、どうやって塩にミネラルを残すのかという研究を、私がやらないといけないと思っている」

そう笑顔で語る小渡氏。齢七十四歳、探求の道は、まだまだ続きそうだ。

生産者情報　株式会社沖縄海塩研究所

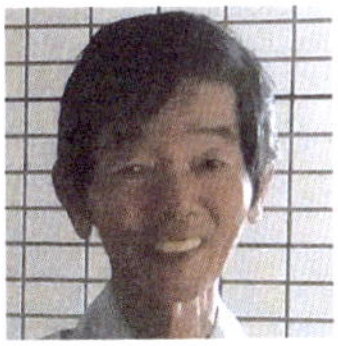

塩職人

「小渡 幸信 氏」

世界的な評価を受けながらも、まだまだ自分の塩は未完成であるという高い志を持ち、塩作りに取り組む姿勢は随一だ。沖縄の自然塩復活の立役者。今後のさらなる活躍が期待される。

【粟国の塩 釜炊き】【原材料】海水（100%・沖縄）【添加物】なし
【色】薄い灰色【工程】天日、平釜【形状】凝集晶

●栄養成分（100g 中）

ナトリウム	28.2g
カルシウム	550mg
マグネシウム	1530mg
カリウム	560mg

●おすすめの食材・メニュー
・豚肉や鶏肉などの白身
・脂肪の多い食材
・青魚など脂の多い魚の塩焼き

●味覚チャート

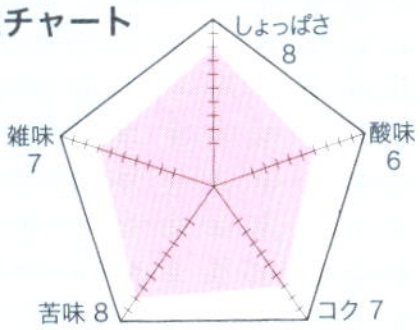

●味わい
次々と味が現れては消える、まるで口の中で花火があがったかのような複雑な味。強いけれども角のないしょっぱみを感じたあと、白身の肉（豚肉など）にあるようなほんのりした苦味を感じる。味のベースには爽やかな酸味が流れ、じんわりと喉の奥に流れてすっと切れるキレのよい旨みがある。最後に舌の上に残る心地よい雑味が癖になる。

おすすめレシピ

塩　豚

No.10

コクとうま味たっぷり

1人分
270kcal

塩豚 × 粟国の塩 釜炊き

特徴

豚肉の身に含まれている苦味と、粟国の塩に含まれている苦味を同化させてコクを出す。しょっぱみが強いので少し弱めに塩を使う。

材料（4人分）

豚三枚肉（豚バラ肉塊）…400g
粟国の塩 釜炊き…8g（豚肉の重量の 2%）

作り方

①豚肉は塊のまま汚れをしっかりと拭き取り、塩をまんべんなくすり込む。
②ラップで①をぴっちりとくるみ、冷蔵庫で７日間寝かせて熟成させる。肉に透明感のある艶が出る。
③ ②のラップを取り、沸騰寸前のお湯で１時間茹でる
①そのまま煮汁の中で冷ましてから切り分ける。

ポイント

＊そのままでももちろん、カリッと焼くのもおすすめ
＊煮汁の中で冷ますことでしっとりした仕上がりに。

●大福製塩／福塩

満月のパワーを閉じ込めて

その評判は、じわじわとクチコミで伝わってきた。沖縄の中でも海の美しさには定評のある宮古島で、「面白い塩を作っている人がいる」という噂をよく聞くようになった。特にマクロビオティック、スピリチュアル関係者に人気が高く、「食べるとじわじわ染みる」というその塩とは、いったいどのような塩なのか。パーントゥでも有名な、マングローブの生い茂る島尻地区へ向かった。

「新しいことをやろう」という気持ち

製塩所を訪問したのはお昼を少し過ぎた頃。私たちを待ち構えていたのは、テーブルいっぱいの料理だった。「たいしたもんじゃないけど、いっぱい食べなさい」と、はにかんだ笑顔で迎えてくれたのは、塩職人の福原清雄氏と、その奥様シズさん、娘さんだ。

穏やかな笑顔で語る福原氏だが、塩づくりにたどり着くまでには様々なことがあったという。

「最初は大工の仕事を何年か続けて。その後、事業を興して、失敗をして多額の借金を抱えてしまった。その後は借金を返すために必死に働いて、今やっている石材業も始めて、やっと返すことができた。色々あったけれど、いつも何か新しいことをやろう、面白いことをやろうという気持ちがある。それで、七十歳になって始めたのが塩作りなんだ」

知っている限り、塩作りを始めた年齢としては最も遅いスタートだ。しかも、元大工と石材業の技術を活かして、製塩所はほぼ自分で作り上げてしまったという。現にこの日も、大型のショベルカーに乗り込んで、釜にくべる薪を軽々と扱っていた。その身のこなしは、到底七十七歳とは思えないほどだった。

アイデアいっぱい！ 愛いっぱい！

福原氏の塩づくりは、ものすごく変わっているというわけではない。しかし、随所に長い人生経験で培われたアイデアが散りばめられ、独創的な製塩方法となっている。

まず濃縮工程だ。枝条架式塩田といって、竹の枝を上から吊るしてそれに海水を循環させて濃縮するという製法があるのだが、いかんせん、自然に任せるので天候に左右されやすく、濃縮にも時間がかかる。

そこで福原氏は、まず屋根のある部屋を作り、その中に竹枝を吊るし、海水を上からスプレー状に噴射しながら、そこに扇風機で強風を当てるというやり方をしている。しかも、スプレー状に噴射する海水は、塩を炊く時の釜の熱を利用して温められているので、さらに濃縮が早い。

次に結晶工程だ。平釜自体は普通なのだが、釜の下、薪をくべるところに斬新な工夫が施してある。U字型のステンレス管を細工し螺旋状につなげ、釜の下に通しているのだ。そしてその中に、前述の濃縮する前の海水を通す。こうすることで、平釜で塩を炊く熱を利用しながら海水を温めることができ、新たなコストをかけずに濃縮時間を短縮することができるのだ。さらに、薪の燃焼力を高めるために、かまどの下に適度な空間を用意。空気の循環を促し、薪が力強く燃えるようにしている。これで、薪を使う時に課題となりがちな火力の問題もクリアできる。

「いやあ、管をうまく螺旋状にするのに苦労してね。それに、海水を循環させるのだって、ポンプをどのくらいの間隔でおいたらいいのかも試行錯誤だったしね。釜も、作ってみてダメだったから全部作り直しなんてこともあったよ」

もう一つ特筆すべき工夫がある。それは、一緒に製塩に励んでくれる奥様のために考え出した「薪入れローラー」

奥様のために開発された「薪入れローラー」のついた平釜

●大福製塩のご案内
代表：福原清雄
住所：沖縄県宮古島市平良字島尻 295
電話：0980-72-1132
FAX：0980-72-1132
見学：見学可能。事前に電話で予約。

●アクセス
【車】池間大橋から車で 8 分。島尻のマングローブ林の近く。ばたらず橋のたもとにある。

だ。薪には廃材を活用しているため、大きく重いものも多数ある。そのため、かまどの入口にローラーを設置し、薪の先端を乗せたらあとは軽く押すだけで、すっとかまどの中に入っていくように工夫されているのだ。

「いつでも僕が一緒にやれるならいいけど、薪入れをお願いすることもあるから。少しでも楽になったらいいなあと思って。(奥さんは)もう嫌になってると思うけど、我慢してついてきてくれてる」

福原氏がそう話すと、奥様がすかさず「この人はすごい人なんです。アイデアもたくさんあって、安心してついていける」と笑顔で語る。

製塩所の名称も、奥様の旧姓・大浜から「大」の字と、福原氏の「福」の字を組み合わせて「大福製塩」と名付けられた。そこから生まれる「福塩」は、まさにご夫婦の愛情でできあがる塩なのだ。

「満月・満潮」の塩づくり

塩作りを始めて数年、二人に転機が訪れた。県外の高名なお坊さんが製塩所を訪ねて来て、「満月の日の満潮の海水で塩を作ってくれないか」と依頼されたのだ。満月は月に一回のみ、しかも満潮時のみとあっては、より取水できる量にも限りがあり、生産量も見込めない。そのため、複数の製塩所で断られてしまったという。しかし福原氏は、持ち前のチャレンジ精神で「面白そうだから」と引き受けた。そこから「満月の塩」としての「福塩」がスタートした。

マングローブの生い茂る島尻の湾内で「福塩」が生まれる

大きな宣伝をしたことは一度もないが、開発を依頼したお坊さんからの注文はもちろんのこと、じわじわと宮古島島内でも評判が広まり、徐々に島内のお土産品店にも並ぶようになった。また、「満月の海水で作った塩」ということで、自然食系の飲食店や、月の満ち欠けを重要視するスピリチュアル関連のお店からの注文も増えてきた。宮古島島内でも、「福塩」を使ったお菓子や料理に出会うことができる。

しかしそうするうちに、「福塩」の評判を聞きつけて、それを利用する人間も出てきた。「福塩」を大量購入(小売で買うより安くなる)し、製塩者である福原氏の許可なく別の名称をつけて高値で販売するのだという。

「買ってもらってはいるから…」と福原氏は対抗手段を取ろうとはしないが、こういった行為は、生産者が本来得るべきであった利益を奪い、その想いを踏みにじる行為であるということだけは、広く知っておいていただきたい。

今後の課題は販路の拡大

一番の課題は販路の拡大であるそうだ。塩づくりと他の事業の兼業生活であり、また夫婦二人で塩づくりを行っているため、営業などで長い時間製塩所を空けることもできない。地元で売れれば…という考えもあるが、小さな島の中での需要は限られていて、大きな販売量は見込めない。

「固定客もいるし、いい塩を作っているという自信はあるけれども、自分だけでは今以上の売り先が見つからない。売れれば、もっとたくさん作れるのに」

現在の本業は石材業で、製塩を行っているのは週に二日ほどだが、いずれ製塩業が本業となるように、これから新たな売り先を探していくという。すでに、「新月」の時の海水で作った塩も試作済みだ。いい塩を作るのも大変だが、販路を拡大していくことは、さらに難しい課題なのである。

取水口に備えられた米と福塩。宮古島の龍神様への供え物だ

生産者情報　**大福製塩**

代表 福原 清雄 氏

「いつ死ぬかわからんから、いつでも面白いことをやろうと思っている。今からまた新しいことやろうと思ってるよ」と、にやっといたずらっ子のように笑う。機敏で活発なアイデアマンだ。

【大福製塩　福塩】 **【原材料】**海水（沖縄・宮古島 100%）**【添加物】**なし
【色】白 **【工程】**天日、平釜 **【形状】**凝集晶、フレークの混合

●栄養成分（100g 中）

ナトリウム	28g
カルシウム	770mg
マグネシウム	3600mg
カリウム	990mg

●おすすめの食材・メニュー

・五穀米や玄米
・きゅうりやトマトなど水気が多い野菜

●味覚チャート

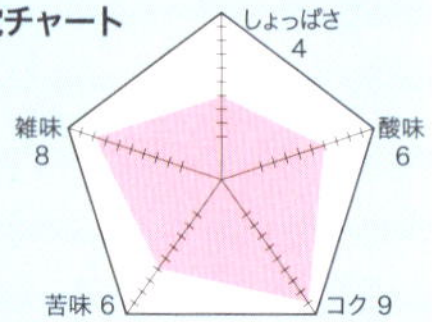

●味わい

口の中で唾液と出会った瞬間にジュワッと溶けて、舌の上に、下に、喉の奥に、優しいしょっぱみと苦さも伴った複雑な旨みが広がっていく。じんわりと身体の中に浸透していくような滋味深さがある。喉の奥に残る余韻が非常に長く、いつまでも口の中に旨さが残る。乳製品にあるような酸味もあり、しっかり力強い味の中にも爽やかさが。

おすすめレシピ

五穀米せんべい

No.11

体にしみわたる健康おやつ

1人分
61kcal

五穀米せんべい × 福塩

特徴

福塩の優しくて滋味深い味わいが、五穀米にはぴったり。
ご飯がちょっとだけ残ってしまった時に、手づくりおやつに。

材料（4人分）

五穀米ごはん…茶碗1杯分
福塩…2g（ごはんの重量の1%）
クッキングペーパー…適宜

作り方

①ボウルに五穀米を入れ、そこに福塩を入れて混ぜ合わせる。
②クッキングシートの間に①を挟んで、上からしゃもじや麺棒で押して薄さ2mm程度に薄くのばす。
③上に載せたクッキングシートをはがして、そのまま600wのレンジで2分半加熱したらできあがり。

ポイント

＊加熱したては柔らかいが、冷めるとパリパリに。
＊わかめやごま、青のりなどを入れてアレンジしても。

人に優しい塩を作りたい

●多良間海洋研究所／くがにまーしゅ

宮古島と石垣島のほぼ中間に位置する多良間島。琉球王国時代には、沖縄本島と宮古・八重山地域を結ぶ中継貿易の重要な拠点として栄え、現在でもその時代に伝来した「風水（フンシー）」に従った村づくりが維持されている。一九七六年に国指定重要無形民俗文化財の指定を受けた豊年祭（八月踊り）が有名で、独特の文化が色濃く残っている島だ。そんな多良間島で塩作りを行うのが、高知県出身の長岡秀則氏だ。

報道カメラマンから転身

大学時代に心臓外科の先生の講演で、心臓とナトリウムとの循環について塩の重要性を教えてもらったことがきっかけで、「非常時には血液の代わりにもなる生理食塩水」に着目し、その流れで「塩」に興味を抱き、研究を行っていた。報道カメラマンの道に入ってからも、カンボジアや南アフリカなどの戦闘地帯を取材し命の重要性と触れ合う中で、塩と人間の生命の関係についての考察を深めていった。

かねてよりイオン交換膜塩が人間の健康に及ぼす影響に疑問を持っていた長岡氏は、長年思い描いてきた理想の塩作りを始めるため、報道カメラマンの第一線から退き、一九八九年に熊本県の通詞島でタラソテラピーの研究施設と有限会社ソルトファームを設立し、天日塩作りを開始した。一九九一年にはアトピー治療施設を完成させ、全国で講演活動を行なうなど、海水と生命の関係についてさらに研究を続けた。

ソルトファームでは釜炊きの塩の生産を主に行っていたが、「火を通した塩は身体に吸収されづらく負荷がかかる。一切火を通さない、自然に任せた塩作りがしたい」。そんな想いが募っていった。

そんな折、長岡氏に転機が訪れる。二〇〇〇年に旅行で多良間島を訪れた際に、村役場から「ここで塩を作ってほしい」と声をかけられた。環境の美しさにも心惹かれ、会社を後任に譲り渡し、二〇〇七年に多良間島に移住して、多良間海洋研究所を設立。翌年には多良間空港にソルトミュージアムをオープンし、理想の塩づくりに向けて、再スタートを切ることとなった。

自然の力だけで塩を育てる

長岡氏の塩作りは少し変わっている。そもそも高温多湿の日本では、海水を天日で干して結晶させるという製法は効率が悪いために、ほとんど採用されていない。特に沖縄県は常夏のイメージとは裏腹に日照時間も短く、台風も多いため、実は天日製塩に適した立地ではない。

また、通常の天日製塩では、少しでも効率をよくするために、海水は事前になんらかの方法で濃縮して塩分濃度を上げてから結晶箱に入れることが多いのだが、長岡氏は、満潮時を狙って取水した塩分濃度三%ほどの海水をそのまま結晶箱に入れて、そこからすべて太陽と風の力だけで結晶させる。この方法だと塩の結晶が採取できるまでに、実に約一ヶ月もの時間がかかる。本当に自然任せの製法だ。しかも、天候の具合などで理想と違う塩ができあがってしまった時は、製品にはせずに海に返しているという。そのため、一ヶ月に約七十キロしか生産できない。全国各地にファンがいるが、常に完成待ちの状態だという。

「効率は悪い。でも、このやり方が、僕がいろいろ研究した結果、海水のミネラルをほとんど取り込む方法だとわかった。手間暇もかかるし、時間もかかる。僕のこの作り方は塩を『作る』のではなく、塩を『育てる』という感覚。いわば海の農産物だね」

この箱の中に海水を入れて、あとはひたすら待つのみ

●多良間海洋研究所のご案内
塩職人：長岡秀則
住所：沖縄県宮古郡多良間村字仲筋 76
電話：0980-79-2500
FAX：-
見学：可。事前に要予約。
URL：-

●アクセス
【飛行機】RAC（琉球エアコミューター）が毎日 2 往復。所要時間約 25 分。
【船】平良港から「フェリーたらまゆう」が毎日 2 往復。（日曜日運休）所要時間約 2 時間。牛のセリに伴って運行計画が変更になる場合があるので、要チェック。

そして、この自然任せの製法は、常に自然との闘いでもある。特に沖縄県は台風が多い。現に、二〇一二年九月に相次いで沖縄県を襲った大型台風で、七月に手作りで増設したばかりの結晶ハウスが全て吹き飛ばされ、出来上がっていた塩も、なにもかもなくなってしまった。台風通過後、心配して様子を見に来てくれた近隣住民も手伝ってくれて、数ヶ月かかってやっと三分の一ほど再建したという。

「諦めようとは全然思わなかった。塩づくりは自分にとって生活の一部だから、当たり前のこと。雨が続けば塩ができない。台風が来れば吹き飛ばされる。でもそういったことも含めて、それが自然の恵みをいただくということだと思う」と長岡氏は語る。自然塩作りでは自然の力を利用することが多いが、ここまでそれを徹底し、自然のあるがままを受け入れている塩職人は、全国広しといえど、ほかにはいないのではないだろうか。

地元住民との触れ合い

高知県出身の長岡氏が多良間島に移住してからまだ五年ほどだが、地元・多良間島の住人たちとのコミュニケーションも万全だ。地元の行事にも積極的に参加し、お酒の場では、宮古地方独特のオトーリもなんなくこなす。その他、報道カメラマンとしての経歴を生かし、新聞社の通信員として、多良間島各所へ取材に赴き、島の情報を随時発信している。

また、多良間空港では、一日二便の飛行機の発着に合わせて珈琲ショップ「ヘミングウェイ」のシャッターを開ける。そこで「くがにまーしゅ」を使った「ソルトコーヒー」を提供しながら、空港を訪れる観光客はもちろん、見送りや送迎で来た島の住民、空港で働く人達とのゆんたくも欠かさない。

島で塩を作ってほしいと願った多良間の人達と、理想の塩づくりを求め、また地元住民とのコミュニケーションを楽しみ、大切にする長岡氏。双方の想いが一致して、多良間島の「くがにまーしゅ」は生み出されているのだ。

「今は自分一人で製塩しているけれど、最終的には、多良間島の人がこの塩作りを受け継いでくれたらいいなと思ってい

台風後に立て直した製塩所。周辺にはまだ台風の爪痕が残る

る。フランスのゲランド地方で百年以上も伝統的な塩作りが受け継がれているように、多良間島でも、この製塩方法が伝承されていってほしい」

長岡氏のあとを次ぐ塩職人が現れる日も、そう遠くはないだろう。

海水と塩で人を元気にしたい

理想の塩作りに向けて研究を続ける長岡氏だが、もともとは医学の道にいたこともあり、今後は塩作りと並行して、多良間島にタラソテラピー施設を作り、アトピーで悩んでいる人の悩みを解決したいと考えているそうだ。

「金儲けを考えて塩を作っていない。人にやさしい、身体によい塩を作りたい、ただそれだけ」

そう語る長岡氏のこれからの展開に、さらなる期待が膨らむ。

できあがった塩は粒が大きくサクサク。そのままお酒のつまみにもなる

生産者情報　多良間海洋研究所

塩職人
長岡 秀則 氏

サンタクロースのようなヒゲがチャームポイント。明るくて優しい笑顔が魅力的だ。新聞社の通信員の一面も持つ。塩作りのせいか、手がすべすべでとても綺麗。

【くがにまーしゅ】

【原材料】海水（100%・沖縄）　**【添加物】**なし
【色】白　**【工程】**天日、天日　**【形状】**立方体、凝集晶

●栄養成分（100g 中）

ナトリウム	- g
カルシウム	- mg
マグネシウム	- mg
カリウム	- mg

●おすすめの食材・メニュー

・トマトなどの酸味のある野菜
・苦味と酸味のある珈琲
・そのまま辛口の日本酒や泡盛のつまみに

●味覚チャート

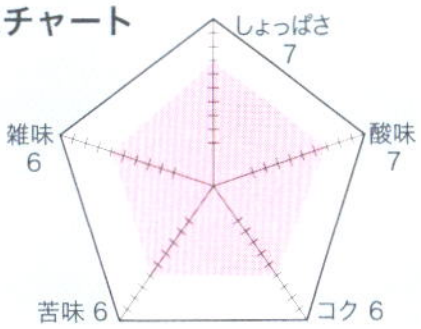

●味わい

太陽をいっぱい浴びて育った証である「おひさまの香り」が鼻に抜ける。コクが強いがキレのよい酸味であとくちがスッと消える。非常に力強くパワーのある塩だ。

おすすめレシピ

フレッシュトマトソース

No.12

塩の酸味と太陽の酸味をあじわう

全体
573kcal

フレッシュトマトソース×くがにまーしゅ

特徴

火を通さないで作る簡単でフレッシュなトマトソース。そのまま食べるのはもちろん、パスタや、料理のトッピングとしても大活躍！太陽をいっぱい浴びて育ったくがにまーしゅの酸味と太陽の酸味が同化して、コクのあるソースに。

材料　（4人分）

完熟トマト…4個　バジル…4枚
くがにまーしゅ…ひとつまみ
エキストラバージンオリーブオイル…大さじ1

作り方

①トマトは食べやすい大きさに乱切りする。
②バジルは軽く叩いて香りを出してから、千切りにする。
③ボウルにすべての材料を入れて混ぜ合わせ、冷蔵庫で1晩寝かせたら完成。

ポイント

＊すぐに食べられますが、寝かせたほうがなじんでおいしくなる。
＊チキンソテーにかけたり、とんかつに載せたり、パスタの具材にしたりとアレンジ自在。

●株式会社 石垣の塩／石垣の塩　天日干し

手塩にかけた塩作り

新石垣空港の開港で盛り上がりを見せる石垣島は、沖縄本島、西表島に次いで沖縄で三番目の大きさの島だ。美しい海には世界有数のサンゴ礁が広がり、マンタと遭遇できる島としてダイバーが全国各地から集まる。その石垣島の地域ブランドとして認定を受け、島興しに一役買っているのが、この「石垣の塩」だ。

名蔵湾の美しさがすべて

「石垣の塩」が作られている製塩所は、二〇〇五年にラムサール条約で国際自然保護区に指定されるほどの美しさを誇る名蔵湾（ナグラ＝島の方言で、稚魚が集まる場所という意味）に位置する。美しく広がる砂浜と透き通った海の向こうには、沖縄県最高峰の於茂登岳を臨み、生態系も豊かで、雄大な自然の営みを感じられる場所だ。

原料となる海水の取水場所は、この浜辺から沖合一・五キロの地点。製塩所のスタッフが海に潜りながら、珊瑚を壊さないように慎重に手作業でパイプをつないだ。今でも不具合があると一・五キロを沖合へとたどっていき、自分たちで潜って修理しているという。そして月に一回は海に潜り、珊瑚礁の様子を見る。海に異変があれば繊細な珊瑚礁はすぐに反応するため、異常がないかどうか自然のセンサーの役割を果たしてくれるからだ。

「この名蔵湾の海水が石垣の塩のすべてです。作り方にばかりこだわるの

於茂登岳を臨む名蔵湾の景色

ではなくて、この海との共存がすべてだと思っています。自然のゆっくりした流れに逆らわず、同じようにゆっくりとした流れのなかで塩づくりをしています。むしろ、作るという感覚ではなく、育てているという感覚ですね」とは、工場長の安富真吾氏の談だ。

五感を使って完成を知る

この製塩所では、釜で炊いて塩を結晶させたあとに、夏場は一週間、冬場は四週間ほど温室内で天日干しにして乾燥させた「石垣の塩 天日干し」という製品が作られている。

　小さな木箱がずらっと並んでいるこの温室内は、夏場にもなれば六十度にもなる灼熱地獄へと変身するが、毎日毎日欠かさずに手で揉むのだという。

「毎日、美味しくなれと思いながら手で塩を揉みほぐすようにしています。手を抜くと塩の出来上がりにバラつきが出る。出来上がりまで何日間という決まりはないです。見た目、触った感じ、音など、五感を使って出来上がりの時期を判断しています」

　安富氏が握った手のひらを緩めると、シャラシャラという薄いガラスの破片のような音とともに、美しい塩の結晶がきらきらと光に反射しながらこぼれ落ちた。毎日手で揉んでいるとは、まさに「手塩にかける」という言葉がぴったりである。

不純物を取り除きながら、大きくなりすぎた結晶を木槌で叩く

●株式会社 石垣の塩のご案内
塩職人：安富真吾
住所：沖縄県石垣市字新川 1145-57
電話：0980-83-8711
FAX：0980-82-5585
見学：可
URL：http://www.ishigakinoshio.com/index-1.html

●アクセス
【飛行機】東京・大阪・神戸から直行便あり。那覇から ANA・JAL 便が多数就航。那覇からの所要時間は約 55 分。

八重山ブランドとして認定

島のゆったりとした流れとともに手作業での塩づくりを行う一方で、全国流通や認知度の向上に向けた活動も活発に行っている。

二〇〇七年には、「石垣の塩」が塩では初めて特許庁から地域団体商標として認定された。手続きは煩雑で審査も厳しいものであったが、「地元のものは八重山ブランドとして自分達で守らなければいけない」「地域ブランドとして認められることで、島興しの一助となれば」という意識から出願したという。その結果、狙い通り県内外からの問い合わせが増えた。二〇〇八年十一月には、大手製菓会社のポテトチップスの塩として採用されるなど、まさに「ブランド塩」として大きな成果を上げている。現在では、地元の従業員四十名を雇用する一大製塩企業となり、島興しに大きく貢献している。また、全国各地で行われる沖縄物産展や食品展示会にも積極的に参加し、石垣の塩と石垣島のＰＲも意欲的に行っている。

「地域ブランドとして認定を受けたのは、この商標を独占するためではなく、品質とルールを守りながら広く活用してもらうためなんです」

そう語る言葉の通り、「石垣の塩使用」という関連製品は、お菓子や調味料など、数多く発売されている。塩がブランド化していくにつれ、今後もこのような関連製品（他企業）での名称使用が増えていくであろうことを考えると、自分たちが手塩にかけて作った塩の価値を維持するための商標登録や地域ブランドの認定を受けることは、必要不可欠なものになるだろう。

リラクゼーション施設の設立

この製塩所ではもう一つの新しい試みが行われている。それは、二〇一二年に製塩所の横にオープンした「ソルトスパ美塩（びあん）」だ。もともとは製塩所の片隅で濃縮海水のプールを開放していたが、体験した人から大変好評であったことから、高濃度に濃縮した海水を使用した「ミネラルセラピー」

ソルトスパ美塩の高濃度海水のプール

とエステを組み合わせたリラクゼーション施設を建設することとなった。海水を使ったタラソテラピーの施設は久米島や沖縄本島にあるが、製塩所が手がける濃縮海水を使ったリラクゼーション施設は全国初の試みだ。

高濃度に濃縮された海水は、手で触るととろみを帯びており、身体の大きな人でさえ浮いてしまうほどだ。

お母さんの胎内の羊水と海水の成分は似ているため、この濃縮海水プールに浮かぶことで、リラックスすることができるという。

さらには海水ミネラルを使ったローションやクリームなどの化粧品シリーズも開発し、調味料として使う「食べる塩」以外の分野での塩の活用が盛んに行われている。

またこれ以外にも、月の満ち欠けに合わせて「満月の塩」「新月の塩」を作ったり、くるみやりんごのチップで燻製した塩を開発したりと、従来の「食べる塩」の分野での新商品開発にも余念がない。

新空港の開港を経て、海外からの観光客も増えていく中、今後どのような新しい展開が行われるのか、ますます楽しみな製塩所である。

生産者情報　㈱石垣の塩

工場長
安富 真吾氏

全国各地の物産展を飛び回っていたかと思うと、名蔵湾に潜ってパイプを修理したり、満月の夜に塩を作ったり、塩を燻製にかけてみたりと、なんでもこなす大活躍のスーパーマンだ。

【石垣の塩　天日】

【原材料】海水（100%・沖縄）　**【添加物】**なし　**【色】**白
【工程】逆浸透膜、平釜　**【形状】**フレーク

●栄養成分（100g 中）

ナトリウム	34g
カルシウム	920㎎
マグネシウム	960㎎
カリウム	340㎎

●おすすめの食材・メニュー

・煮込み料理のコク出しに
・焼きトマト
・脂身の多い牛肉を焼く時に

●味覚チャート

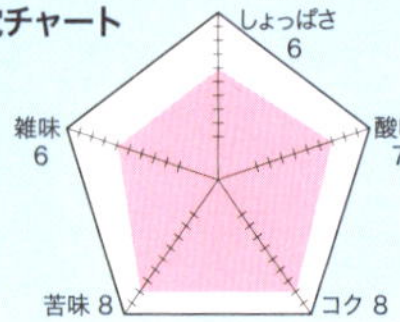

●味わい

全体的に力強い味の塩で、コクの余韻が長く口の中に残る。苦味が印象的なので、生の素材に合わせるよりは、焼いたり揚げたりして少し焦がしたメニューとの相性がよい。天日に晒す時間が長い塩に特徴的な太陽の香り（酸味）があり、脂っこさをさっぱりさせてくれる。粒が大きすぎず、適度にシャクシャクとした食感も楽しめる。

おすすめレシピ

白のカポナータ

No.13

旬の野菜のうまみを引き出す

1人分
144kcal

白のカポナータ × 石垣の塩

特徴

甘味が強くコクのある石垣の塩は、煮込み料理のコク出しに大活躍。旬の野菜のおいしさを石垣の塩が引き出してくれるので、コンソメいらず。

材料　(4人分)

ズッキーニ…1本　なす…1本
パプリカ（赤・黄）…各1個
たまねぎ…1個　プチトマト…20個
石垣の塩…少々　にんにく…1片
オリーブオイル…大さじ2
白ワイン…大さじ2

作り方

①トマト以外の野菜は 1.5cm 角に切りそろえる。にんにくはみじん切りにする。
②フライパンにオリーブオイルとにんにくを入れ、弱火でじっくりと温めて香りを引き出す。
③にんにくの香りがたってきたら、中火にして①とプチトマトを入れ、全体に油がまわるように優しく混ぜる。
④ ③に白ワイン、石垣の塩を入れて蓋をして 10～15 分煮込んだらできあがり。

ポイント

＊材料は、季節のおいしい野菜ならなんでも OK。
＊プチトマトの代わりにホールトマトを使えば「赤のカポナータ」になる。

●蔵盛製塩／蔵盛さんちの塩　粗塩

感謝の気持ちが塩を育てる

空港に降り立つと、適度に塩を含んだ心地よい潮風を感じた。ここ与那国島は、深い緑色の植物が生い茂り、岬には与那国馬が放牧されている、自然豊かな島だ。日本最西端のこの小さな島で、日本一大きな結晶の塩を作っている製塩所を訪れた。

きっかけは人助けから

蔵盛製塩では、家族総出で塩作りを行っている。かん水づくりを担当するのはお父さんの章夫さん。結晶工程を担当するのが娘の京子さん。そして袋詰めを担当するのがお母さんのつる子さんだ。

塩作りの言いだしっぺである章夫さんに、どうして塩作りを始めたのか聞いてみたところ、「与那国島に仕事で塩を買いに来た県外の人が、断られて困っていたから、それなら自分がやってあげようと思った」という。人助けがきっかけで、章夫さんの塩作りがスタートした。

塩に関しては完全に素人だったが、もともと自然が大好きで土木関係の仕事をしていた章夫さんは、塩作りについて調べたりしながら、自ら土地を切り開き、製塩小屋を作り、釜を作って、文字通り一から塩作りをスタートさせた。最初は自作の釜がすぐ壊れてしまって、また最初から作り直したり、やっと塩ができたかと思えば思うような味や形にならずにやり直したりの繰

まずは父・章夫さんお手製の平釜で炊いて濃縮する

り返しで、ほとんど塩らしい塩はできない日々が続いたが、章夫さんは諦めなかった。

　塩づくりを始めて早五年。途中からは、島に戻ってきた娘の京子さんも加わり、みんなで意見を出し合いながら、試行錯誤を繰り返して塩づくりを続けた。時には大喧嘩もしながら、全員でひたすら真面目に意見を出し合って、失敗を繰り返しながらたどり着いた塩づくりは、気がつけば、ほかになかなか類を見ないものとなっていた。

日本一大きな結晶ができるまで

「蔵盛さんちの塩 粗塩」は、一般に流通している国産の塩の中では最も大きい結晶と言って間違いない。時に大きなサイコロのような、時に芸術品のようなピラミッド型にできあがる。どちらもキラキラと光り輝いて、まるで宝石のようだ。

　まず、琉球石灰岩の干潟が続く与那国島の沿岸の中から取水に適した場所を見つけ、干潟にできた潮だまりを利用してかん水を作る。それを特製の釜で丁寧に炊いて濃縮し、一旦冷ます、そして今度は人肌程度に温めて、じっくり時間をかけて結晶させるのだ。長時間かかるのに、一回に生産できる量はほんのわずか。さらに、干潟の潮だまりを利用しているため、雨が降ったらまた一からやり直し。結晶工程で思うような塩ができあがらなければ、全部海に戻してしまうこともあるという。

　また、京子さんの担当する結晶工程を行っている部屋には、普段は家族も入れない。とろ火で人肌程度の温度に保たれた海水のなかで静かに育つ塩の結晶は、部屋の中の微妙な湿度や温度で、できあがりの形が変わってしまうからだ。京子さんは夜中でも塩の様子を見に来たりして、微妙なコントロー

●蔵盛製塩のご案内
塩職人：蔵盛京子
住所：沖縄県八重山郡与那国町字与那国1032-1
電話：0980-87-2776
FAX：0980-87-2776
見学：不可
URL：http://www4.ocn.ne.jp/~kurasio/

●アクセス
【飛行機】那覇空港からJTA又はRACで約1時間30分。石垣空港からRACで約30分。
【船】石垣島から「フェリーよなくに」が週2往復。所要時間約4時間30分。

ルで五種類の塩を作り分けているが、どちらかというと「作る」というより「自然の力で育つのを見守り、育ったものを頂いている」という感覚だという。

「塩の結晶ができあがる様子はいつまでも見てても飽きない」と、釜の横にちょこんと座って、まるで子供の成長を見守る母親のような暖かな眼差しで、海水の表面で少しずつ育つ塩の結晶を見つめていた。

「これで儲けは出るんですか？」

あまりに手間と時間のかかる生産方法を見て、つい聞いてしまった。

「儲からないけれど、この作り方じゃないと、お客さんに喜んでもらえる塩ができないんです。このやり方のなかで、どうやって効率をあげるかはもちろん考えていますが、無理をして大量に作ろうとは思いません」

はにかみながらも力強い意思を感じる眼差しで、はっきりとした答えだった。徹底して、塩作りに真摯なのである。

結晶工程は娘・京子さんの出番だ。釜の様子を注意深く見守る

家族三人、笑顔で

そんな蔵盛家のご家族と話をしていると、とても暖かい気持ちになる。それは、三人が三人とも、お互いに尊敬と感謝の気持ちを持っていることが、自然と伝わってくるからだ。

濃縮海水づくりを担当している章夫さんは「京子が真面目に頑張ってくれるから、お客さんが喜んでくれる塩ができあがる。自分は濃縮しているだけ」と言う。

京子さんは「お父さんが良いかん水を作ってきてくれるから、私はそれをそのまま結晶にしているだけ。お父さんが頑張ってくれるから、おいしい塩ができるし、お母さんが検品を頑張ってくれるから、安心して出荷できるんです」と笑う。お母さんは「私は袋に詰めているだけ。二人が頑張ってくれるから、いい塩を送り出せるんです」と言う。

そして三人ともに「一人で作って出来上がる塩じゃない。自然に、お客様に、周囲のみんなに、家族のみんなに協力していただいて初めてできる塩なんです」と口を揃える。だから、「自分たちが作りたい塩を作る」のではなく、「できるだけお客様からの要望に応えられる塩を作る」という気持ちで塩作

表面にうっすらとできあがった美しいピラミッド状の結晶

りをしている。そうこうしているうちに、気がつけば製品の種類も増えていたのだという。ここ最近では、「粒塩」（粒状）や「きらりん」（小さなピラミッド状）など、絶妙なコントロールで結晶の形の異なる塩を作り出してきている。

「毎日が勉強だし、毎日感謝の連続。いい塩を作るのは、技術だけじゃない。大切なのは気持ちだよ」

そう答えてくれた三人の笑顔は、釜の表面できらきら光る塩の結晶のように、誇らしげに輝いていた。

この美しい塩の結晶の中には、蔵盛家のみんなの素直で美しい心の成分も入っているに違いない、そう思わずにはいられなかった。

生産者情報　**蔵盛製塩**

塩職人
蔵盛　京子氏

蔵盛さんちご一家　父・章夫さん、母・つる子さん、娘・京子さん
たまには喧嘩もするけれど、それもこれもすべて美味しい塩作りのため。お互いを尊敬し感謝の気持ちで接する、心温まる素晴らしいご家族だ。

【蔵盛さんちの塩 粗塩】　**【原材料】**海水（100%・沖縄）　**【添加物】**なし
【色】白　**【工程】**平釜、平釜　**【形状】**凝集晶、トレミー

●栄養成分（100g 中）

ナトリウム	35.4g
カルシウム	66mg
マグネシウム	690mg
カリウム	240mg

試験依頼先財団法人日本食品分析センター（第204080918-001号）

●おすすめの食材・メニュー
- 辛口の日本酒
- 塩豆腐
- 生牡蠣

●味覚チャート

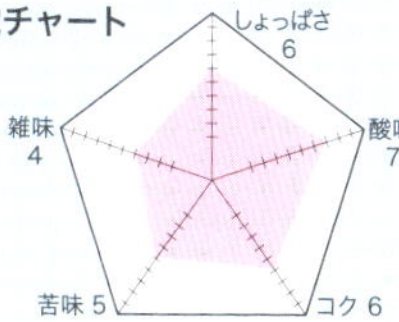

●味わい

直径1cmにはなろうかという、幾層にも重なった美しいピラミッド型（またはサイコロ型）の結晶が特徴。もともと清浄な黒潮を徹底して不純物を取り除いているため、できあがった結晶は宝石のような透明感だ。クリアで雑味がなく、しっかりとしたしょっぱみのあとに旨みを感じるが、キレがよい。そのまま辛口の日本酒に合わせる、サクサクとした触感を活かして、サラダなどのトッピングに。

おすすめレシピ

塩豆腐のカプレーゼ

No.14

豆腐を塩で漬けてヘルシーに

1人分
134kcal

塩豆腐のカプレーゼ×蔵盛さんちの塩

特 徴

豆腐を塩で漬ける「塩豆腐」を使えば、モッツァレラチーズがなくても、ヘルシーでおいしいカプレーゼに。
蔵盛さんちの塩のミルキーな甘さとにがりの苦味が、豆腐との相性抜群！

材 料（4人分）

絹ごし豆腐…1丁　蔵盛さんちの塩…小さじ1
トマト…2個　バジル…10枚
エクストラバージンオリーブオイル…大さじ2
ブラックペッパー…適宜

作り方

①豆腐は水分を拭き取ったあと、蔵盛さんちの塩をまぶして、キッチンペーパー・ラップの順にくるんで、冷蔵庫で半日～1日置いておく。
② ①、トマトを厚さ1cm程度にスライスする。
③お皿にスライスしたトマト、豆腐、バジルの順番で重ねて並べ、最後にオリーブオイルとブラックペッパーをふりかけたらできあがり。

ポイント

＊豆腐を塩で漬けて水切りをすると、モッツァレラチーズのような風味に。
＊トマトの代わりに「フレッシュトマトソース（P.86）」を使うのもおすすめ。

沖縄県内の製塩所一覧

	名　称	郵便番号	住　所	電　話	代表商品
沖縄本島 ※及び橋でつながっている離島	株式会社沖縄ベルク	905-0011	沖縄県名護市済井出 473 番地	0980-52-6012	屋我地島の塩
	株式会社塩田	905-1633	沖縄県名護市我部 701	0980-51-4030	屋我地マース
	沖縄北谷自然海塩株式会社	904-0113	沖縄県中頭郡北谷町宮城 1-650	098-921-7547	北谷の塩
	有限会社ティーダ・サイエンス	905-0207	沖縄県国頭郡本部町備瀬 1779 番 1 号	0980-51-7555	あっちゃんの紅塩
	株式会社ぬちまーす	904-2423	沖縄県うるま市与那城宮城 2768	0120-70-1275	ぬちまーす
	浜比嘉島の塩工房（高江洲製塩所）	904-2316	沖縄県うるま市勝連比嘉 1597	098-977-8667	浜比嘉塩
	株式会社アクアクリエーション	901-2103	沖縄県浦添市仲間 1-30-9	098-877-0090	鮮度塩
	コーラルバイオテック株式会社	900-0002	沖縄県那覇市曙 3-21-1	098-867-7276	海深ウージ塩
	株式会社青い海	901-0306	沖縄県糸満市西崎町 4 丁目 5 番地の 4	098-992-1140	シママース
	株式会社青い海　Gala 青い海	904-0323	沖縄県中頭郡読谷村字高志保 915 番地	098-958-3940	美ら海育ち
	有限会社与根製塩所	901-0224	沖縄県豊見城市与根 75 番地 6	098-850-0164	ヨネマース
	株式会社津梁	904-2234	沖縄県うるま市州崎 12-71	098-934-4799	生活良好沖縄ヨネマース
	シュガーソルト垣乃花株式会社	904-2234	沖縄県うるま市州崎 12-18	098-921-2506	琉球の塩
伊江島	伊江島製塩	905-0501	沖縄県国頭郡伊江村字東江上 3674	0980-49-5224	荒波
伊平屋島	倶楽部野甫の塩	905-0705	沖縄県島尻郡伊平屋村野甫 405-1	0980-46-2180	塩夢寿美
久米島	株式会社 LOHAS 沖縄	901-3136	沖縄県島尻郡久米島町字仲地 683	098-896-7777	白銀の塩
	久米島海洋深層水開発株式会社	901-3101	沖縄県島尻郡久米島町字宇江城 2178-1	098-992-0701	球美の塩
	久米島深層水有限会社	901-3124	沖縄県島尻郡久米島町仲泊 42-1	098-985-5825	久米島の塩
粟国島	株式会社沖縄海塩研究所	901-3702	沖縄県島尻郡粟国村字東 8316	098-988-2160	粟国の塩 釜炊き
	株式会社粟国島海塩研究所	901-3702	沖縄県島尻郡粟国村字東 246 番地	098-988-2521	粟国マース
宮古島 多良間島	大福製塩	906-0003	沖縄県宮古島市平良字島尻 295	0980-72-1132	福塩
	多良間海洋研究所	906-0602	沖縄県宮古郡多良間村字仲筋 76	0980-79-2500	くがにまーしゅ
	株式会社パラダイスプラン	906-0002	沖縄県宮古島市平良字狩俣 191	0980-72-5667	雪塩
石垣島	株式会社石垣の塩	907-0024	沖縄県石垣市新川 1145-57	0980-83-8711	石垣の塩
	有限会社ゆがふ商会	907-0001	沖縄県石垣市大浜 8-3	0980-88-6002	さんごマース
与那国島	蔵盛製塩	907-1801	沖縄県八重山郡与那国町与那国 1032-1	0980-87-2776	蔵盛さんちの塩 粗塩
	与那国海塩有限会社	907-1800	沖縄県八重山郡与那国町 3111-2	0980-84-8933	黒潮源流塩
南大東島	株式会社ノエビア 南大東島海洋研究所	901-3802	沖縄県島尻郡南大東村新東 104-1	0120-401-001	南大東島の海塩

※沖縄県内で海水または塩を原材料として製塩を行っている製塩所のみを掲載しています。

あとがき

まずはじめに、この本を手にとってくださり、そしてここまで読んでくださったみなさまに御礼を申し上げます。あなたが沖縄の塩に興味を持ってくださったことが、なによりの喜びです。沖縄の塩の魅力、伝わりましたでしょうか？

私が沖縄に移住して早六年。塩を学び始めてから、それまで知らなかった世界がぱあっと広がりました。たくさんの生産者の方と出会いお話を聞かせていただくことで、みなさんの塩作りにかける想いを知りました。そして、師匠である奥田政行シェフと出会い、食材と塩の相性を教えていただいたことで、沖縄の塩の魅力の引き出し方を知ることができました。そうこうするうちに、すっかり、どっぷり、足の先から頭のてっぺんまで、塩の魅力にはまってしまったのです。まさにその名のとおり「塩漬け」です。

でも塩のことを勉強して知れば知るほど、いまや「○○さんちの～」と生産者の顔が見えることが当たり前の野菜や肉とは異なり、塩は生産者の顔が全然見えないということがたまらなくもったいない気がしてきました。読んでいただいた方はおわかりのとおり、みなさんとても真面目で、個性的で、面白い人たちばかりなんです。

「塩も、生産者の顔や想いが見えるようにしたい!! 知ったらきっとみんなもっと好きになる!」

この本は、そんな私の気持ちに共感してくださった皆様の力でできあがりました。編集担当の喜納さんをはじめとするボーダーインクのみなさま、突拍子もない持ち込みから、私のわがままを叶えてくださってありがとうございました。素敵なレシピ写真を撮影してくださったカメラマンの由利玲子さま、調理にご協力いただいたキッチンマンマのみなさま、ご縁をつないでくださった上間光さん、取材にご協力いただいた琉球朝日放送報道制作部のみなさん、塩の楽しさを教えてくださった奥田政行シェフ、塩の道に入るきっかけをくれた「塩屋(まーすやー)」のみなさん、美味しい塩を作ってくださる生産者のみなさんに、そして、いつも私を応援してくださる多くのみなさんに、深く深く御礼申し上げます。

どうか、塩を知ることで、みなさんの生活がより豊かに、より楽しいものになりますように。そして、これからも沖縄が塩の名産地であり続けますように。

二〇一三年七月吉日

日本ソルトコーディネーター協会

代表理事　青山志穂

PROFILE

青山 志穂（あおやま・しほ）

東京都出身。2007年より沖縄県在住。慶應義塾大学卒業後、大手食品メーカー勤務。2008年より塩の専門店「塩屋（まーすやー）」で日本初のソルトソムリエ制度の仕組み作り及び人材育成や商品開発を担う。その後独立して2012年5月、日本ソルトコーディネーター協会を設立。県内外で塩に関する講座を多数開催するほか、琉球朝日放送やNHKなど各種メディアに出演、塩の知識を伝えるために活動中。「ソルトコーディネーター養成講座」もスタートしている。著書に「塩図鑑」（東京書籍）。

ブログ　http://blog.saltlabo.com
日本ソルトコーディネーター協会ホームページ
http://saltcoordinator.jp

【編集協力】
栄養計算／山城尚子（管理栄養士・Jr ソルトコーディネーター）
味覚チャート作成協力／
　Jr ソルトコーディネーター倉持恵美・山城尚子・諸見里百合子・亀川康之
フードコーディネート／キッチンスタジオ Manma　中村聖子、高良秀英
料理写真撮影／由利玲子

琉球塩手帖
2013年7月31日　初版第1刷発行
著　者　青山志穂
発行者　宮城正勝
発行所　ボーダーインク
　〒902-0076 沖縄県那覇市与儀226-3
　tel098-835-2777　fax098-835-2840
　http://www.borderink.com/
印　刷　（株）東洋企画印刷

ISBN978-4-89982-238-7 C0077